●大きい数のしくみ
① 1億より大きい数
1 大きい数のしくみ

時間 15分

合 / 100

月　日

サクッと
こたえ
あわせ

79ページ

JN059255

[整数は、位が1つ左へ進むごとに、10倍になるしくみになっ

1 次の ☐ にあてはまる数を書きましょう。　📖教上9〜13ページ　　50点(1つ5)

① 一億の10倍を **十億** といい、 **1000000000** と書きます。

② 百億の ☐ 倍を千億といい、 ☐ と書きます。

③ ☐ の10倍を一兆といい、 ☐ と書きます。

④ 一兆の10倍を ☐ といい、その10倍を ☐ といいます。

⑤ 51003200000000 は1兆を ☐ こと、1億を ☐ こあわせた数です。

2 次の数を読みましょう。　📖教上11ページ△、12ページ③　　20点(1つ5)

① 205736000450　　　　　② 50730040137I0038

（　　　　　　　　　　　）　（　　　　　　　　　　　）

③ 40070084130000　　　　④ 123456700000900

（　　　　　　　　　　　）　（　　　　　　　　　　　）

3 次の数を数字で書きましょう。　📖教上12ページ④　　20点(1つ5)

① 千四十九億七千三十五万六　　② 五十四兆六百五億五千八万二千

（　　　　　　　　　　　）　（　　　　　　　　　　　）

③ 四兆五千億四千七百万八　　　④ 七千八十八兆三千一億五百十一

（　　　　　　　　　　　）　（　　　　　　　　　　　）

4 次の問いに答えましょう。　📖教上13ページ△、⑥　　10点(1つ5)

① 1兆を534こ、1億を4307こ、10万を8こあわせた数を書きましょう。

（　　　　　　　　　　　）

② 35000000000000 は1000億を何こ集めた数ですか。

（　　　　　　　　　　　）

時間 15分　合かく 80点　／100　月　日

サクッと こたえ あわせ

答え 79ページ

●大きい数のしくみ
① 1億より大きい数を調べよう
1　大きい数のしくみ　……(2)

[いちばん小さい1めもりが表す数を求めて、数をよみましょう。]

❶ 下の数直線で、次の問いに答えましょう。　教上13ページ　35点(1つ5)

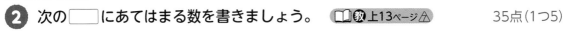

① 1めもりが表している数はいくつですか。　（　　　　　　　　　）

② ア、イ、ウのめもりが表す数を書きましょう。
　　ア(　　　　　　) イ(　　　　　　) ウ(　　　　　　)

③ 60億、120億、270億を表すめもりに、↑をかきましょう。

⚠️ミスに注意!

❷ 次の □ にあてはまる数を書きましょう。　教上13ページ　35点(1つ5)

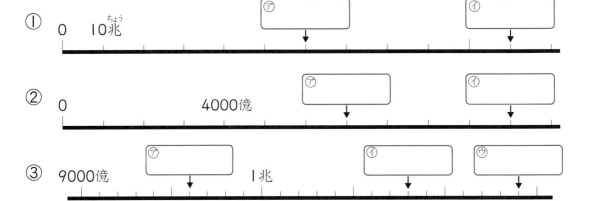

❸ 下の数直線で、1めもりが10億を表すとき、ア、イ、ウのめもりが表す数を書きましょう。　教上13ページ　30点(1つ10)

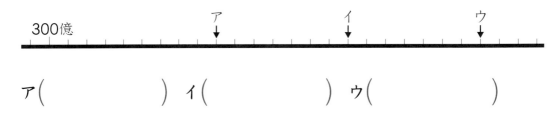

　　ア(　　　　　　) イ(　　　　　　) ウ(　　　　　　)

教科書　上13ページ

●大きい数のしくみ
① 1億より大きい数を調べよう
② 10倍した数、$\frac{1}{10}$ にした数

[整数を 10 倍すると、位は 1 けたずつ上がり、$\frac{1}{10}$ にすると、位は 1 けたずつ下がります。]

❶ 次の □ にあてはまる数を書きましょう。　📖教上14ページ❶　20点(1つ5)

① 1000億の 10 倍の数は、$\boxed{1\ 兆}$ です。

② 5兆は、5000億の □ 倍した数です。

③ 26億を 10 倍すると、位は □ けたずつ上がります。

④ 26億を $\frac{1}{10}$ にすると、位は □ けたずつ下がります。

❷ 次の数を 10 倍した数、$\frac{1}{10}$ にした数はいくつですか。　📖教上14ページ⚠️

30点(1つ5)

① 90億　　　10倍(　　　　　)　　$\frac{1}{10}$(　　　　　)

② 7000億　 10倍(　　　　　)　　$\frac{1}{10}$(　　　　　)

③ 8兆　　　 10倍(　　　　　)　　$\frac{1}{10}$(　　　　　)

⚠️ミスに注意!
❸ 0、1、2、3、4、5、6、7、8、9 の 10 この数字を使って、8 けたの数をつくります。　📖教上15ページ⚠️　50点(1つ10)

(1) 同じ数字を 1 回しか使えないとき、次の数を書きましょう。

　① いちばん大きい数　　　　② いちばん小さい数
　(　　　　　　)　(　　　　　　)

　③ 8000万にいちばん近い数
　　　　　　　　　　(　　　　　　)

(2) 同じ数字を何回も使ってよいとき、次の数を書きましょう。

　① いちばん大きい数　　　　② いちばん小さい数
　(　　　　　　)　(　　　　　　)

時間 **15**分 ・ 合かく **80**点 ／**100** ・ 月　日

サクッと こたえ あわせ
答え **80**ページ

●大きい数のしくみ
① **1億より大きい数を調べよう**
③　かけ算

[数が大きくなっても、筆算のしかたは同じです。かけ算の答えを積といいます。]

❶ 次の□にあてはまる数を書きましょう。　📖教上16ページ❶、17ページ❷

40点（1だい20）

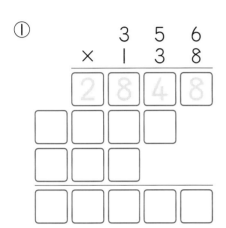

①
```
    3 5 6
×   1 3 8
─────────
  2 8 4 8
```

②
```
    8 7 3
×   3 0 5
```

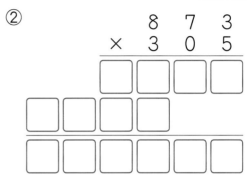

⚠️ミスに注意！

❷ 54000×4300 の計算の、筆算のしかたを次のようにくふうしました。

□にあてはまる数を書きましょう。　📖教上17ページ❷　　42点（1つ6）

$$54000×4300＝(54×\boxed{^{⑦}1000})×(43×\boxed{^{④}100})$$

```
    5 4 0 0 0
×   4 3 0 0
───────────
    1 6 2
  2 1 6
  2 3 2 2 0 0 0 0 0
```

$=54×43×\boxed{^{⑦}}×\boxed{^{④}}$

$=54×43×\boxed{^{⑦}}$

$=\boxed{^{⑦}}×100000$

$=\boxed{^{④}}$

終わりに0のある
数のかけ算は、
0を省いて計算し、
その積の右に、
省いた0の数だけ
0をつけます。

❸ 次の計算を筆算して、積を求めましょう。　📖教上16ページ⚠️、17ページ⚠️

18点（1つ6）

① 708×653　　② 245×304　　③ 4200×940

教科書 📖 上16〜17ページ

まとめの
ドリル
➡5。

時間 15分 | 合かく 80点 | /100

月　日

サクッと
こたえ
あわせ

答え 80ページ

●大きい数のしくみ
① 1億より大きい数を調べよう

1 次の数を数字で書きましょう。　　　　　　25点(1つ5)

① 三十兆五百七億三万八　　　　② 四千五十億千七万八千九十

　　（　　　　　　　　　　　） （　　　　　　　　　　　）

③ 1兆を27こ、1000万を54こあわせた数

　　　　　　　　　　　　　　（　　　　　　　　　　　）

④ 45億を10倍した数　　　⑤ 4000億を $\frac{1}{10}$ にした数

　　（　　　　　　　　　　　） （　　　　　　　　　　　）

2 次の数直線について、下の問いに答えましょう。　　25点(1つ5)

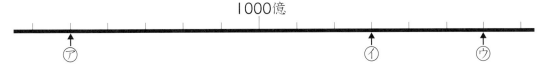

1000億

㋐　　　　　　　　㋑　　　　　㋒

① 1めもりが100億を表すとき、㋐、㋑、㋒の表す数を書きましょう。

　㋐（　　　　　　　　）㋑（　　　　　　　　）㋒（　　　　　　　　）

② ㋑の表す数が1150億のとき、㋐、㋒の表す数を書きましょう。

　㋐（　　　　　　　　）㋒（　　　　　　　　）

⚠️ミスに注意!
3 0、1、2、3、4、5、6、7、8の9この数を全部使って9けたの数をつくるとき、次の数を書きましょう。　　　　　20点(1つ10)

① 1億にいちばん近い数　　　　（　　　　　　　　　　）

② いちばん大きい数　　　　　　（　　　　　　　　　　）

4 次の計算をしましょう。　　　　　　　　30点(1つ10)

① 235×451　　② 379×503　　③ 5700×890

教科書 📖 上8〜19ページ

●折れ線グラフと表

②　グラフや表を使って考えよう
Ⅰ　折れ線グラフ　　　　　　……(Ⅰ)

答え 80ページ

[折れ線グラフに表すと、変わり方がわかりやすくなります。]

❶ 下のグラフは、春のⅠ日の気温の変わり方を表した折れ線グラフです。

📖教 上21〜22ページ❶　50点(1つ10)

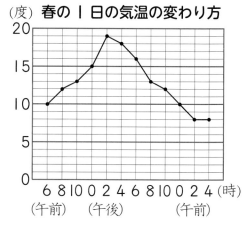

(度)　春のⅠ日の気温の変わり方

① 横のじくは、何を表していますか。
（　　　　　）

② たてのじくのⅠめもりは、何度を表していますか。（　Ⅰ度　）

③ 午前10時の気温は、何度ですか。
（　　　　　）

④ 気温がⅠ2度なのは、何時と何時ですか。（　　　　　）

⑤ 気温の最高と最低の差は何度ですか。（　　　　　）

[折れ線グラフでは、線のかたむきが急であるほど、変わり方が大きいことを表しています。]

❷ 下の図は折れ線グラフの一部分です。　📖教 上23ページ❷　50点(1つ10)

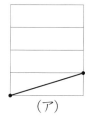
（ア）

（イ）

（ウ）

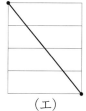
（エ）

（オ）

① 上がる(ふえる)グラフはどれですか。　　　　　（　　　　　）

② 下がる(へる)グラフはどれですか。　　　　　（　　　　　）

③ 変わらないグラフはどれですか。　　　　　　（　　　　　）

④ 変わり方がいちばん大きいグラフはどれですか。（　　　　　）

⑤ ふえ方がいちばん大きいグラフはどれですか。（　　　　　）

教科書 📖 上20〜23ページ

サクッと
こたえ
あわせ

●折れ線グラフと表
② **グラフや表を使って考えよう**
I　折れ線グラフ　　　　　　……(2)

答え 80ページ

⚠️ミスに注意!

❶ 下の表は、4月から9月までの気温を月ごとに調べたものです。これを折れ線グラフに表します。　📖教 上24〜27ページ

100点(①②1だい20、③④⑤1つ20)

気温の変わり方(毎月1日、午前10時調べ)

はかった月(月)	4	5	6	7	8	9
気温(度)	16	18	21	24	28	23

① 横のじくの□にあてはまる数を書きましょう。

② たてのじくの□にあてはまる数を書きましょう。また、( )にあてはまる単位を書きましょう。

③ 気温の変わり方を折れ線グラフに表しましょう。

④ 表題を書きましょう。

⑤ 気温の変わり方がいちばん大きいのは、何月と何月の間ですか。

(　　　　　　　　)

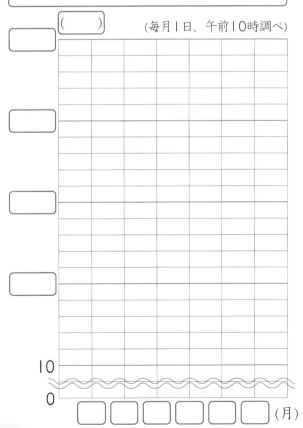

(毎月1日、午前10時調べ)

≋は省くマークだよ。

教科書 📖 上24〜27ページ

●折れ線グラフと表
② グラフや表を使って考えよう
2　整理のしかた

答え **80** ページ

❶ 右の表は、4年生の児童が住んでいる町をクラス別にまとめたものです。

📖教上30～31ページ❶　55点(1つ5)

① 表のあ～けに入る数を書きましょう。

② 3組では、どの町に住んでいる人がいちばん多いですか。

（　　　　　　　）

③ 全体では、どの町にいちばん多く住んでいますか。

（　　　　　　　）

住んでいる町調べ　（人）

町組	東町	西町	南町	北町	合計
1	10	あ	10	8	35
2	12	8	6	7	い
3	10	11	う	6	え
4	お	か	き	6	35
合計	43	く	29	け	135

⚠️ミスに注意!

❷ 食べものの好ききらいの調査をしたものを右の表のようにまとめました。

📖教上32～33ページ❷　45点(1つ5)

① あは、どのような人を表していますか。

（　　　　　　　　　　　　　）

② 表のあ～おに入る数を書きましょう。

③ ピーマンがきらいな人は何人いますか。

（　　　　　　　）

④ ピーマンもにんじんもきらいな人は何人いますか。

（　　　　　　　）

⑤ ピーマンは好きで、にんじんはきらいな人は何人いますか。

（　　　　　　　）

食べものの好ききらい調べ（人）

		ピーマン		合計
		好き	きらい	
にんじん	好き	15	あ	20
	きらい	い	う	え
合計		お	18	45

教科書📖 上29～33ページ

●わり算の筆算（1）—わる数が1けた

③ わり算のしかたを考えよう
1　何十、何百のわり算

答え 80ページ

[10や100をもとにして、わり算のしかたを考えます。]

1 次の□にあてはまる数を書きましょう。　📖教上37〜38ページ❶　20点（1つ5）

① 90÷3の計算を考えます。

90は10が 9 こ、9÷3＝3だから、90÷3＝ 30

② 800÷2の計算を考えます。

800は100が □ こ、8÷2＝4だから、800÷2＝ □

2 次の計算をしましょう。　📖教上38ページ⚠　30点（1つ5）

① 60÷2　　　② 630÷9　　　③ 240÷8

④ 280÷7　　　⑤ 180÷3

⑥ 200÷5

10が何こあるかな。

3 次の計算をしましょう。　📖教上38ページ⚠　20点（1つ5）

① 800÷8　　　② 3500÷5　　　③ 3000÷6

④ 1800÷3

4 480まいの色紙を、6人で同じ数ずつ分けます。1人分は何まいになりますか。　📖教上37〜38ページ❶　30点（式15・答え15）

式

答え（　　　　　　　）

教科書 📖 上36〜38ページ

きほんの
ドリル
10.

時間 **15**分 ｜ 合かく **80**点 ｜ /**100** ｜ 月　日

サクッと
こたえ
あわせ

●わり算の筆算（1）─わる数が1けた
③ **わり算のしかたを考えよう**
2　わり算の筆算（1）　　　　　……（1）

答え **81** ページ

［52÷4 の筆算は、十の位の計算→一の位の計算の順におこないます。］

❶ 95÷5 の計算を次のように考えました。□にあてはまる数を書きましょう。

📖教上39〜41ページ❶　30点（1つ3）

95 まいの色紙を 5 人で同じ数ずつ分けるとします。

① 10×5＝ 50 だから、まず 1 人に 10 まいずつ分けられる。

② 残りは、95－□＝□（まい）

□ まいを 5 人で分ける。□÷5＝□（まい）

③ 1 人に □ まいと □ まいだから、1 人分は □ まい。

❷ 次の計算をしましょう。　📖教上41ページ⚠　40点（1つ5）

① 4⟌64　② 5⟌75　③ 6⟌78　④ 7⟌98

⑤ 6⟌72　⑥ 3⟌84　⑦ 4⟌92　⑧ 5⟌80

ゝよく読んで！ィ
❸ 96 ページの本を 8 日で読み終えるには、1 日に何ページずつ読めばよいですか。　📖教上39〜41ページ❶　30点（式15・答え15）

式

答え（　　　　　　　）

きほんの
ドリル
11.

時間 15分 | 合かく 80点 | /100 | 月 日

サクッと
こたえ
あわせ
答え 81ページ

●わり算の筆算（1）—わる数が1けた
③ **わり算のしかたを考えよう**
2 わり算の筆算（1） ……(2)

[あまりのあるわり算では、あまりはわる数より小さくなります。]

❶ 次の □ にあてはまることばや数を書きましょう。📖敎上42ページ❷ 30点(1つ5)

①　81÷4 を計算すると、81÷4＝20 あまり □ となります。

②　この計算が正しいかどうかをたしかめるためには、

4× □ ＋ □ を計算してみて、その答えが 81 になるか調べ

ます。ことばの式で表すと、

□ ×商＋ □ ＝ □ となります。

❷ 次の計算をしましょう。　📖敎上43ページ③　　　40点(1つ5)

①　6)95　　②　5)87　　③　7)99　　④　8)97

⑤　4)98　　⑥　3)74　　⑦　2)77　　⑧　6)80

よく読んで！
❸ 70 このビー玉を同じ数ずつ6この箱に分けます。1つの箱に何こずつ
入って、何こあまりますか。　📖敎上43ページ④、⑤　30点(式15・答え15)

式

答え（　　　　　　　　　　　）

● わり算の筆算（1）―わる数が1けた

③ **わり算のしかたを考えよう**

2 わり算の筆算（1） ……（3）　答え 81ページ

[十の位がわりきれるとき、一の位のわり算は（1けた）÷（1けた）の計算になります。]

❶ 次の計算をしましょう。　📖教上44ページ❸　　40点（1つ10）

① 7)79　② 2)85　③ 5)53　④ 3)90

よく読んで！

❷ 43まいのカードを、4人に同じ数ずつ分けます。1人分は何まいになって、何まいあまりますか。　📖教上44ページ⚠　20点（式10・答え10）

式

答え（　　　　　　　　　　　　　　　）

❸ 次の計算をしましょう。　📖教上45ページ❹、46ページ❺　40点（1つ10）

① 4)715　② 6)816　③ 4)480　④ 3)628

教科書 📖 上44〜46ページ

● わり算の筆算（1）—わる数が1けた

③ わり算のしかたを考えよう
3　わり算の筆算（2）

サクッと こたえ あわせ

答え 81ページ

[わられる数のいちばん大きい位の数が、わる数より小さいときは、次の位の数までふくめた数で計算を始めます。]

❶ 次の計算をしましょう。　📖教上47〜49ページ❶　　　　84点（1つ7）

①
```
      8
  5)4 2 3
  4 0
```

②
```
  9)6 0 7
```

③
```
  6)2 7 5
```

④
```
  5)3 2 5
```

⑤
```
  6)4 3 2
```

⑥
```
  8)3 1 2
```

⑦
```
  2)1 8 7
```

⑧
```
  8)4 8 9
```

⑨
```
  7)5 6 7
```

⑩
```
  6)4 2 2
```

⑪
```
  7)3 5 1
```

⑫
```
  4)3 2 0
```

〳よく 読んで〵

❷ 350まいの色紙を、6人に同じ数ずつ分けます。1人分は何まいになって、何まいあまりますか。　📖教上47〜49ページ❶　　16点（式8・答え8）

式

答え（　　　　　　　　　　　　）

教科書 📖 上47〜49ページ

きほんの
ドリル
14.

時間 **15**分 ｜ 合かく **80**点 ｜ /100 ｜ 月　日

サクッと
こたえ
あわせ

答え **81**ページ

●わり算の筆算（1）―わる数が1けた
③　**わり算のしかたを考えよう**
4　暗算

［計算をくふうすると、わり算を暗算ですることができます。］

❶ 72÷3 の暗算のしかたを考えました。□にあてはまる数を書きましょう。

📖教 上50ページ❶　20点（1つ5）

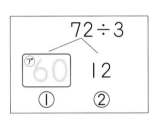

⇒ ① ⑦[　] ÷3= ⑨[　]

② 　12 ÷3= 　4
──────────────
あわせて ⑨[　]

❷ 720÷3 の暗算のしかたを考えました。□にあてはまる数を書きましょう。

📖教 上50ページ❶　10点（1つ5）

72÷3= ⑦[　]　　　720÷3= ⑦[　]

❸ 次の計算を暗算でしましょう。📖教 50ページ❶　　70点（1つ5）

① 82÷2　　　② 69÷3　　　③ 56÷2

④ 84÷7　　　⑤ 96÷8　　　⑥ 80÷5

⑦ 90÷6　　　⑧ 480÷2　　　⑨ 930÷3

⑩ 650÷5　　　⑪ 960÷4　　　⑫ 920÷4

⑬ 840÷6　　　⑭ 600÷5

教科書 📖 上50ページ

●わり算の筆算（1）―わる数が1けた
③ **わり算のしかたを考えよう**

1 次の計算をしましょう。　　　　40点（1つ10）

① 5$\overline{)75}$　　② 8$\overline{)912}$　　③ 7$\overline{)986}$　　④ 5$\overline{)527}$

2 100cm の長さのテープを3人で同じ長さに分けます。1人分の長さは何cmになって、何cmあまりますか。　20点（式10・答え10）

式

答え（　　　　　　　　　　　　　）

3 赤のテープの長さは288cm で、青のテープの長さは9cm です。赤のテープの長さは、青のテープの長さの何倍ですか。　20点（式10・答え10）

式

答え（　　　　　　）

4 暗算で計算しましょう。　　　　20点（1つ10）
① 78÷6　　　　　　② 920÷2

●角の大きさ
④ **角の大きさの表し方を調べよう……(１)**

❶ 次の □ にあてはまる数を書きましょう。　📖教 上57ページ❷、⚠　25点(1つ5)

① 直角を 90 に等分した１つ分の角の大きさを１度といい、□　

と書きます。

② 半回転の角度は □ 直角で、180°です。

③ １回転の角度は □ 直角で、□°です。

[分度器のめもりは、０度からの角度のほうをよみとります。]

❷ 次の角度は何度ですか。　📖教 上58〜59ページ❸、60ページ⚠、⚠　39点(1つ13)

①
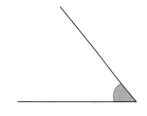

②
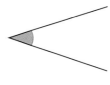

③
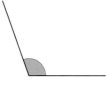

(　　　)　(　　　)　(　　　)

[向かい合った角の大きさをくらべます。]
⚠ミスに注意!

❸ 右の図について、□ にあてはまる数を書きましょう。　📖教 上60ページ⚠

36点(1つ6)

① あの角度は、□ − 130 = □

② いの角度は、180 − □ = □

③ うの角度は、□ − 130 = □

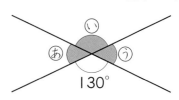

教科書 📖 上54〜60ページ

●角の大きさ
④ **角の大きさの表し方を調べよう……(2)**

[180°より大きい角度のはかり方は2通りあります。]

❶ あの角度のはかり方には①、②の2通りあります。

図を見て □ にあてはまる数や記号を書きましょう。

40点(1つ8)

① 直線アイをのばします。

ぶんどき
分度器で○の角度をはかります。

あの角度は、

[180] + [ ] となります。

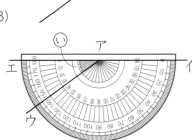

② 分度器で○の角度をはかります。

1回転の角度は [ ]° なので、

あの角度は、

[ ] − [ ] となります。

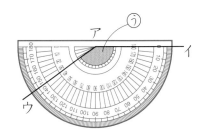

❷ 次の角度は何度ですか。　教上61〜63ページ❹　60点(1つ20)

①　　　　　　　　　②　　　　　　　　　③

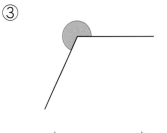

(　　　　　)　　　(　　　　　)　　　(　　　　　)

教科書 上61〜63ページ

きほんの
ドリル
18。

サクッと
こたえ
あわせ

答え 82 ページ

●角の大きさ
④　**角の大きさの表し方を調べよう……(3)**

[１つの辺の長さと、その両はしの角度がわかると、三角形をかくことができます。]

1　①～④は、右のような三角形アイウをかく方法を表しています。□にあてはまる記号や数を書きましょう。　📖教上66～67ページ**5**　　24点(1つ4)

①　長さ □ cm の辺アイをひく。

②　点 □ を頂点として、□°の角をかく。

③　点 □ を頂点として、□°の角をかく。

④　交わった点を点 □ とする。

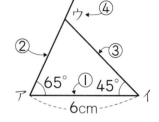

2　点ア、イを頂点として、次の角をかきましょう。　📖教上67ページ⑥、⑦　　36点(1つ18)

①　40°　　　　　　　　　　②　210°

イ •————————

ア •————————

3　右の図のような三角形をかきましょう。　📖教上67ページ⑧　　24点

ア •————————

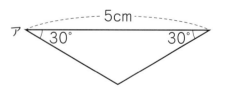

4　２つの三角じょうぎの角度を書きましょう。　📖教上68ページ①　　16点(1だい8)

①　　　　　　　　　　　②

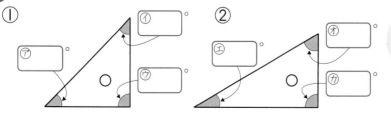

三角じょうぎには、直角の角があります。

教科書 📖 上66～68ページ

●小数のしくみ

⑤　小数のしくみを調べよう
Ⅰ　小数の表し方

[0.1 の $\frac{1}{10}$ を 0.01、0.01 の $\frac{1}{10}$ を 0.001 と表します。]

1 次の数は、0.01 L を何こ集めたかさですか。　📖教 上74ページ⚠　20点(1つ5)

① 0.03 L （　3こ　）　② 0.06 L （　　　　　）

③ 0.08 L （　　　　　）　④ 0.2 L （　　　　　）

2 次の□にあてはまる数を書きましょう。　📖教 上74ページ⚠　20点(1つ5)

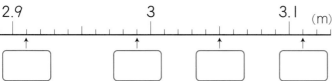

2.9　　　　3　　　　3.1　(m)

⚠ミスに注意！

3 次の□にあてはまる数を書きましょう。　📖教 上75ページ❷　20点(1つ5)

①　1.021 km は、1 km を □ こ、□ km を 2 こ、0.001 km を □ こ集めた長さです。

②　1 km を 6 こ、0.1 km を 2 こ、0.001 km を 5 こ集めた長さは、□ km です。

⚠ミスに注意！

4 次の□にあてはまる数を書きましょう。　📖教 上76ページ⚠　20点(1つ5)

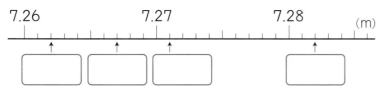

7.26　　　7.27　　　7.28　(m)

⚠ミスに注意！

5 次の重さを、kg 単位で表しましょう。　📖教 上76ページ⚠　20点(1つ5)

① 2 kg 783 g （　　　　　）　② 4 kg 20 g （　　　　　）

③ 826 g （　　　　　）　④ 15 g （　　　　　）

教科書 📖 上72〜76ページ

●小数のしくみ
⑤ 小数のしくみを調べよう
2 小数のしくみ

時間 **15**分 ｜ 合かく **80**点 ／**100**

月　　日

答え **82**ページ

サクッと
こたえ
あわせ

[小数も、10倍、または $\frac{1}{10}$ ごとに、位をつくって表します。]

❶ 次の問題に答えましょう。　📖教 上78ページ④、⚠　　30点(1つ5)

① 3.105 は 1、0.1、0.01、0.001 を、それぞれ何こあわせた数ですか。

1 が（ᵃ　　　　　）こ　　　　0.1 が（ⁱ　　　　　）こ

0.01 が（ᵘ　　　　　）こ　　　　0.001 が（ᵉ　　　　　）こ

② 5.096 の $\frac{1}{100}$ と $\frac{1}{1000}$ の位の数字は何ですか。

$\frac{1}{100}$ の位（　　　　　）　　　　$\frac{1}{1000}$ の位（　　　　　　）

[小数の大きさをくらべるには、上の位からそれぞれの位の数の大きさを調べます。]

❷ 次の□にあてはまる不等号を書きましょう。　📖教 上79ページ⚠　16点(1つ8)

① 2.504 □ 2.53　　　　② 3.204 □ 3.35

❸ 0.16 を 10倍、100倍、$\frac{1}{10}$ にした数と、1.3 を 10倍、$\frac{1}{10}$、$\frac{1}{100}$
にした数を書きましょう。　📖教 上80ページ❸、④　30点(1つ5)

0.16…10倍（　　　　　）　100倍（　　　　　）　$\frac{1}{10}$（　　　　　）

1.3……10倍（　　　　　）　$\frac{1}{10}$（　　　　　）　$\frac{1}{100}$（　　　　　）

[0.01 をもとにして、小数の大きさを整数で考えることができます。]

❹ 次の数は、0.01 を何こ集めた数ですか。　📖教 上81ページ❹、⚠　24点(1つ8)

① 0.07　　　　　② 0.35　　　　　③ 2.9

（　　　　）こ　　　（　　　　）こ　　　（　　　　）こ

教科書 📖 上77〜81ページ

●小数のしくみ
⑤　小数のしくみを調べよう
3　小数のたし算とひき算　　……(1)　答え **82**ページ

◆小数のたし算の筆算のしかた◆

```
   1.65
 +3.72
   5.37
```
①位をそろえて書く。
②整数のたし算と同じように計算する。
③上の小数点にそろえて、和の小数点をうつ。

```
  0.547
+0.353
  0.900  ←0は消す。
```

```
  2.800  ←2.8は
+0.765    2.800で
  3.565    計算する。
```

❶ 次の計算をしましょう。　📖教 上82ページ⚠　　64点(1つ8)

①
```
  3.23
+4.96
```

②
```
  0.83
+4.54
```

③
```
  2.49
+4.65
```

④
```
 17.53
+ 1.68
```

⑤
```
  0.67
+0.48
```

⑥
```
  0.624
+5.772
```

⑦
```
  3.259
+5.387
```

⑧
```
  2.163
+3.926
```

⚠ミスに注意!
❷ 次の計算をしましょう。　📖教 上83ページ⚠　　18点(1つ6)

①　7.48＋8.52　　②　0.063＋0.537　　③　16.94＋5.06

❸ 次の計算をしましょう。　📖教 上83ページ⚠　　18点(1つ6)

①　6.93＋2.7　　②　0.865＋3.2　　③　3＋9.98

教科書 📖 上82〜83ページ

●小数のしくみ
⑤ 小数のしくみを調べよう
3 小数のたし算とひき算 ……(2)

◆小数のひき算の筆算のしかた◆

```
  2.5 3
－1.7 9
  0.7 4
```
↑
小数点の前に数がないときは0をつける。

①位をそろえて書く。
②整数のひき算と同じように計算する。
③上の小数点にそろえて、差の小数点をうつ。

```
  4.2 0
－2.8 3
  1.3 7
```
←4.2は4.20で計算する。

```
  6.0 0
－0.8 7
  5.1 3
```
←6は6.00で計算する。

1 次の計算をしましょう。 📖教上84ページ⑤ 24点(1つ8)

①
```
  7.8 4
－4.9 5
```

②
```
  5.0 1
－0.8 1
```

③
```
  8.2 6 5
－5.7 8 2
```

⚠️ミスに注意!
2 次の計算をしましょう。 📖教上85ページ⑥ 48点(1つ8)

① 7.93－4.8

② 6.263－0.48

③ 2.3－1.47

④ 2.57－2.559

⑤ 9－6.47

⑥ 1－0.073

⚠️ミスに注意!
3 2.63 という数について、いろいろな見方をしました。□にあてはまる数を書きましょう。 📖教上86ページ**5** 28点(1つ7)

① 2.63 は、2 と □ をあわせた数です。

② 2.63 は、2.6 より □ 大きい数です。

③ 2.63 は、1 を 2 こ、0.1 を 6 こ、□ を 3 こあわせた数です。

④ 2.63 は、0.01 を □ に集めた数です。

教科書 📖 上84～86ページ

●小数のしくみ
⑤ **小数のしくみを調べよう**

1 下の数直線の、㋐ 4.272、㋑ 4.235、㋒ 4.298 を表すめもりに↑を
かきましょう。　　　　　　　　　　　　　　　　　　　　　12点(1つ4)

　4.2　　　　　　　　　　4.25　　　　　　　　　4.3

2 下の量を、（　）の中の単位だけを使って表しましょう。　　8点(1つ4)

① 3kg 120g （kg） （　　　　　）kg

② 2305m （km） （　　　　　）km

⚠ミスに注意！

3 次の□にあてはまる不等号を書きましょう。　　　　　　　　4点

0.213 □ 0.203

4 次の数はいくつですか。　　　　　　　　　　　　　　　20点(1つ4)

① 6と0.81をあわせた数　　　　　　　　　（　　　　　　　）

② 0.01を289こ集めた数　　　　　　　　　（　　　　　　　）

③ 0.37を10倍、100倍、$\frac{1}{10}$にした数

10倍（　　　　　）　100倍（　　　　　　）　$\frac{1}{10}$（　　　　　　）

5 次の計算をしましょう。　　　　　　　　　　　　　　　56点(1つ8)

① 　2.25
　+3.62

② 　0.056
　+0.644

③ 　18.2
　+　7.03

④ 　3.86
　−2.75

⑤ 　6.32
　−0.6

⑥ 　5
　−0.091

⑦ 6−0.32+3.39

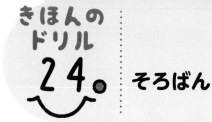

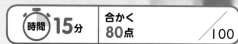

そろばん

◆大きな数や小数の表し方◆

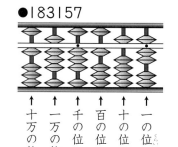

●183157

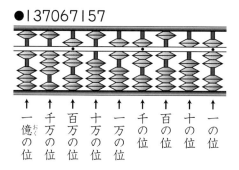

●137067157

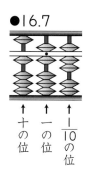

●16.7

小数も、整数と同じように、一の位に決めた定位点の右を $\frac{1}{10}$ の位とします。

1 そろばんに、次の数を入れましょう。　📖教 上92ページ**1**　40点（1つ10）

① 264189

② 76502630892

③ 3.6

④ 129.7

2 そろばんで、次の計算をしましょう。　📖教 上93ページ**2**、△　60点（1つ10）

① 6.2＋1.29

② 3.4＋8

③ 9.4－2.27

④ 7－5.8

⑤ 3万＋15万

⑥ 9億－3億

教科書 📖 上92〜93ページ

大きい数のしくみ／折れ線グラフと表

 次の数を数字で書きましょう。　　　　　　　　20点(1つ10)

① 8200億を 10倍した数。　　　　　（　　　　　　　）

② 56兆を $\frac{1}{10}$ にした数。　　　　　（　　　　　　　）

 次の計算をしましょう。　　　　　　　　　　20点(1つ10)

①　321×568　　　　　　②　3100×450

⚠ミスに注意!

3 右のグラフは、あいさんとゆたかさんの1年生
から4年生までの身長の変わり方を表したもので
す。　　　　　　　　　　　　　30点(1つ10)

① あいさんの3年生のときの身長は何cm
ですか。　　　　　　（　　　　　　　）

② ゆたかさんの身長ののび方がいちばん大
きいのは、何年生と何年生の間ですか。
（　　　　　　　）

③ 2人の身長のちがいがいちばん大きいのは、
何年生のときですか。　（　　　　　　　）

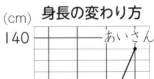

身長の変わり方

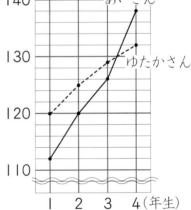

4 まさしさんのクラスは35人で、
犬をかっている人　　　16人
ねこをかっている人　　12人
どちらもかっていない人 11人
です。右の表のあいているところに、
人数を書き入れましょう。30点(1つ6)

動物をかっている、かっていない調べ（人）

		犬をかって		合計
		いる	いない	
ねこを かって	いる	⑦	⑦	12
	いない	⑦	11	⑦
合計		16	⑦	35

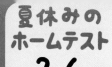
 時間 **15**分 ｜ 合かく **80点** ｜ /**100**

月 日

サクッと
こたえ
あわせ
答え **83** ページ

わり算の筆算（1）／角の大きさ

1 次の計算をしましょう。 　　　　　　　　　　30点（1つ5）

① 810÷9 　　　　　　② 480÷6

③ 7)84　　④ 8)90　　⑤ 8)976　　⑥ 7)184

2 ソフトクリームを3こ買って、720円はらいました。ソフトクリーム
1このねだんはいくらですか。　　　　20点（式10・答え10）

式

答え （　　　　　　　　）

⚠️ミスに注意！

3 次の角をかきましょう。　　　　　　　　20点（1つ10）

① 45° 　　　　　　　　② 255°

4 次の角度は何度ですか。　　　　　　　　30点（1つ10）

① 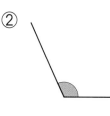 　　② 　　③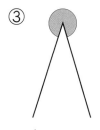

（　　　　　　） （　　　　　　） （　　　　　　）

時間 15分 ／ 合かく 80点 ／100

月 日

サクッと
こたえ
あわせ

答え 84ページ

小数のしくみ

⚠ミスに注意！

1 下の数直線で、㋐、㋑、㋒、㋓のめもりが表す長さは何mですか。

20点(1つ5)

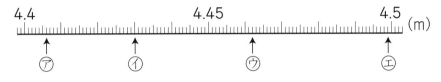

㋐(　　　　　) ㋑(　　　　　) ㋒(　　　　　) ㋓(　　　　　)

2 下の量を、（　）の中の単位だけを使って表しましょう。

10点(1つ5)

① 5km 329m （km）　　　　　　　（　　　　　）km

② 936g （kg）　　　　　　　　　　（　　　　　）kg

3 次の□にあてはまる不等号を書きましょう。

10点(1つ5)

① 0.032 □ 0.03　　　　② 1.251 □ 12.5

4 次の計算をしましょう。

60点(1つ10)

① 　3.95
　+6.38

② 　1.49
　+0.51

③ 39.5＋3.25

④ 　6.21
　−3.56

⑤ 　12.3
　−　5.86

⑥ 9−8.57＋0.81

きほんの
ドリル
28。

●わり算の筆算（2）―わる数が2けた
⑥ わり算の筆算を考えよう
1 何十でわる計算

時間 15分
合かく 80点 /100

月 日

サクッと
こたえ
あわせ
答え 84ページ

[何十でわる計算は、10をもとにして考えます。]

1 60÷30 の計算のしかたについて、☐にあてはまる数を書きましょう。

📖教上95～96ページ❶ 40点（1つ5）

60 は 10 を ⑦ 6 こ、30 は 10 を ⑦ 3 こ集めた数だから、

10 をもとにして考えると、60÷30 の商は、⑦ 6 ÷ ⑦ 3 の商

と等しくなります。

⑦ ☐ ÷ ⑦ ☐ = ⑦ ☐ だから、60÷30 = ⑦ ☐

2 次の計算をしましょう。 📖教上96ページ⚠ 30点（1つ6）

① 80÷20　　② 90÷30　　③ 120÷40

④ 320÷40　　⑤ 480÷80

⚠ミスに注意!

3 次の計算をしましょう。 📖教上96ページ⚠ 30点（1つ6）

① 70÷30　　② 80÷50　　③ 290÷80

④ 750÷90　　⑤ 650÷70

教科書 📖 上94～96ページ

さはんの
ドリル
29

時間 15分 ｜ 合かく 80点 ／100 ｜ 月　日

サクッと
こたえ
あわせ

● わり算の筆算（2）―わる数が2けた
⑥　**わり算の筆算を考えよう**
2　2けたの数でわる筆算（1）　……（1）　答え 84ページ

[2けたでわるときは、わる数を何十とみて商の見当をつけます。]

1 次の筆算をしましょう。また、けん算もしましょう。

教 上97～98ページ**1**、99ページ**2**　40点（答え5・けん算5）

① $32 \overline{\smash{)}96}$

けん算（　　　　　　　　　　）

② $18 \overline{\smash{)}36}$

けん算（　　　　　　　　　　）

③ $24 \overline{\smash{)}53}$

けん算（　　　　　　　　　　）

④ $11 \overline{\smash{)}47}$

けん算（　　　　　　　　　　）

2 次の計算をしましょう。　教 上100ページ**3**、101ページ**4**、102ページ**5**　40点（1つ5）

① $23 \overline{\smash{)}62}$　② $32 \overline{\smash{)}95}$　③ $24 \overline{\smash{)}87}$　④ $12 \overline{\smash{)}42}$

⑤ $29 \overline{\smash{)}87}$　⑥ $48 \overline{\smash{)}97}$　⑦ $25 \overline{\smash{)}84}$　⑧ $24 \overline{\smash{)}53}$

ゝよく読んで！ゝ

3 90このチョコレートを36人で同じ数ずつ分けます。1人分は何こに
なって、何こあまりますか。　教 上102ページ　20点（式10・答え10）

式

答え（　　　　　　　　　　）

● わり算の筆算（2）─わる数が2けた

⑥ **わり算の筆算を考えよう**

2　2けたの数でわる筆算（1）　……（2）

⏱時間 **15**分 ｜ 合かく **80**点 ｜ ／**100** ｜ 月　日

答え **84**ページ

サクッと
こたえ
あわせ

[わられる数が3けたになっても、2けたのときと同じようにかりの商をたてて考えます。]

1 次の計算をしましょう。　📖教上103ページ**6**　　　　72点（1つ6）

① 　6
　43)275
　　258

② 24)152

③ 46)212

④ 54)387

⑤ 23)209

⑥ 18)152

⑦ 32)175

⑧ 47)308

⑨ 27)184

⑩ 41)239

⑪ 36)216

⑫ 26)208

⚠️**ミスに注意!**

2 右のわり算で、商が10より小さくなるのは、□
がどんな数字のときですか。全部答えましょう。

📖教上103ページ⚠️　8点

74)7□3

（　　　　　　　　　）

✍️**よく読んで!**

3 137ひきの金魚を25人で同じ数ずつ分けました。1人分は何びきに
なって、何びきあまりますか。　📖教上103ページ⚠️　20点（式10・答え10）

式

答え（　　　　　　　　　　　）

教科書📖 **上103ページ**

●わり算の筆算（2）―わる数が2けた
⑥ **わり算の筆算を考えよう**
3 2けたの数でわる筆算（2） ……（1）

［（3けた）÷（2けた）で、わられる数の上から2けたの数が、わる数より大きいとき、商は十の位からたちます。］

⚠️ミスに注意!
❶ 次の計算をしましょう。 📖教上104〜105ページ❶ 80点（1つ10）

① $27)\overline{957}$

② $45)\overline{983}$

③ $37)\overline{685}$

④ $43)\overline{926}$

⑤ $54)\overline{725}$

⑥ $35)\overline{675}$

⑦ $29)\overline{899}$

⑧ $36)\overline{684}$

❷ 486このあめを18こずつふくろに入れます。あめを入れたふくろは、何ふくろできますか。 📖教上105ページ△ 20点（式10・答え10）

式

答え （   ）

教科書 📖 上104〜105ページ

●わり算の筆算（2）─わる数が2けた

⑥ **わり算の筆算を考えよう**

3　2けたの数でわる筆算（2）　　　……（2）

時間 15分　合かく 80点　　／100　　月　日

答え 84ページ

サクッと
こたえ
あわせ

［商の一の位に0のたつわり算は、かんたんに計算することもできます。］

❶ 次の計算をしましょう。　📖教上106ページ❷　　　50点（1つ10）

①
$$35\overline{)714}$$

$$
\begin{array}{r}
20 \\
35\overline{)714} \\
70 \\
\hline
14 \\
00 \\
\hline
14
\end{array}
$$
このように
計算するより
かんたんだね。

②
$$28\overline{)865}$$

③
$$24\overline{)726}$$

④
$$42\overline{)861}$$

⑤
$$17\overline{)850}$$

❷ 次の計算をしましょう。　📖教上106ページ❸　　　50点（1つ10）

①
$$125\overline{)375}$$

②
$$276\overline{)728}$$

③
$$116\overline{)639}$$

④
$$361\overline{)864}$$

⑤
$$270\overline{)563}$$

教科書 📖 上106ページ

時間 15分 ｜ 合かく 80点 ｜ /100 ｜ 月　日

●わり算の筆算（2）―わる数が2けた

⑥ **わり算の筆算を考えよう**

4　わり算のせいしつ

サクッと こたえ あわせ

答え 85ページ

[わり算では、わられる数とわる数に同じ数をかけても、また、わられる数とわる数を同じ数でわっても、商は変わりません。]

❶ わり算のせいしつについて考えます。 ☐ にあてはまる数を書きましょう。

📖教上107ページ❶　30点（1つ5）

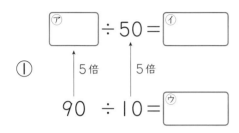

① ⑦☐ ÷ 50 = ⑦☐

　　↑5倍　↑5倍

　90 ÷ 10 = ⑦☐

② 350 ÷ 50 = ⑦ 7

　　↓10でわる ↓10でわる

　35 ÷ ⑦ 5 = ⑦ 7

❷ わり算のせいしつを使って、くふうして計算しましょう。　📖教上107ページ⚠

10点（1つ5）

①　80÷40　　　　　　　　②　300÷25

❸ 次の計算をしましょう。　📖教上108ページ❷　　30点（1つ10）

①　30)2400　　　②　600)3600　　　③　800)42400

❹ 次の計算をしましょう。　📖教上108ページ❸　　30点（1つ10）

①　60)930　　　②　700)3800　　　③　600)5000

教科書📖 上107〜108ページ

まとめのドリル 34

時間 15分 合かく 80点 /100

月 日

サクッとこたえあわせ 答え 85ページ

●わり算の筆算(2)—わる数が2けた

⑥ わり算の筆算を考えよう

1 右のわり算で、商が十の位(くらい)からたつのは、□がどんな数字のときですか。全部答えましょう。 6点

$78\overline{)\square 81}$

(　　　　)

2 次の計算をしましょう。 64点(1つ8)

① $37\overline{)97}$ ② $16\overline{)62}$ ③ $22\overline{)81}$ ④ $42\overline{)324}$

⑤ $41\overline{)183}$ ⑥ $34\overline{)544}$ ⑦ $415\overline{)963}$ ⑧ $180\overline{)7400}$

3 228このりんごを12こずつ箱につめます。りんごをつめた箱は、何箱できますか。 15点(式10・答え5)

式

答え (　　　　)

よく読んで!

4 ある数を29でわったら、商が13であまりが16になりました。この数はいくつですか。 15点(式10・答え5)

式

答え (　　　　)

教科書 上94〜111ページ

さはんの
ドリル
35。 倍の見方

時間 15分
合かく 80点 /100

月　日

サクッと
こたえ
あわせ
答え 85ページ

[⑦が①の何倍かを求めるときは、⑦÷①と計算します。]

❶ 40 m の長さのひもが、8 m の長さのひもの何倍になるか、下の図で考えました。□にあてはまる数を書きましょう。　📖教上112〜113ページ❶

10点

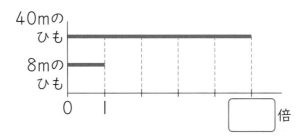

⚠ミスに注意!

❷ りんごのねだんは 160 円で、メロンのねだんは、りんごのねだんの 6 倍です。メロンのねだんはいくらですか。　📖教上114ページ❷

30点(式20・答え10)

式

答え（　　　　　　　　　）

❸ 姉の持っている色紙のまい数は、妹のまい数の 3 倍で、69 まいです。妹の持っているまい数を□まいとして、かけ算の式で表し、□にあてはまる数を求めましょう。　📖教上115ページ❸　30点(式20・答え10)

式

答え（　　　　　　　　　）

[もとにする大きさがちがうときには、倍を使ってくらべます。]

❹ Ａ町とＢ町のマラソン大会の人数が、右の表のようにふえました。ふえ方が大きいのは、どちらの町といえますか。
📖教上116〜117ページ❹　30点(式20・答え10)

	昨年	今年
Ａ町	30人	90人
Ｂ町	60人	120人

式

答え（　　　　　　　　　）

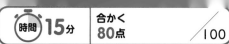

●がい数の表し方と使い方
⑦ **およその数の表し方と使い方を調べよう**
1　およその数の表し方　　　　　　……(1)　答え 85ページ

[四捨五入して一万の位までのがい数で表すときは、1つ下の千の位を四捨五入します。]

❶ 25万と26万の間の数を、四捨五入して、「約何万」とがい数で表すとき、□にあてはまる数を書きましょう。　📖教上119〜121ページ1、2　20点(1だい10)

① 　千の位の数字が、$\boxed{0}$、$\boxed{1}$、$\boxed{2}$、$\boxed{}$、$\boxed{}$ のときは、

約 250000 とします。

② 　千の位の数字が、$\boxed{}$、$\boxed{}$、$\boxed{}$、$\boxed{}$、$\boxed{}$ のときは、

約 260000 とします。

⚠️ミスに注意!
❷ 四捨五入して、一万の位と千の位までのがい数で表しましょう。

📖教上122ページ3　30点(1つ5)

① 　537524 　一万の位（　　　　　　）　千の位（　　　　　　）

② 　234999 　一万の位（　　　　　　）　千の位（　　　　　　）

③ 　46183 　　一万の位（　　　　　　）　千の位（　　　　　　）

❸ 次の□にあてはまる数を書きましょう。　📖教上123ページ4　20点(1つ5)

64082 を四捨五入して、上から1けたのがい数にするときは、上から

2つめの ⑦$\boxed{}$ の位で四捨五入し、⑦$\boxed{}$ とします。また、

上から2けたのがい数にするときは、上から3つめの ⑦$\boxed{}$ の位で四

捨五入し、⑦$\boxed{}$ とします。

⚠️ミスに注意!
❹ 次の数を四捨五入して、上から1けたと上から2けたのがい数で表しましょう。

📖教上124ページ⚠️　30点(1つ5)

① 　145632 　1けた（　　　　　　）　2けた（　　　　　　）

② 　894174 　1けた（　　　　　　）　2けた（　　　　　　）

③ 　49500 　　1けた（　　　　　　）　2けた（　　　　　　）

教科書 📖 上118〜124ページ

●がい数の表し方と使い方
⑦ **およその数の表し方と使い方を調べよう**
1　およその数の表し方　　　　　　……(2)

[四捨五入して十の位までのがい数にしたとき、140 になる整数は、135 から 144 までです。]

1 次の　□　にあてはまる数やことばを書きましょう。　　📖**教**上124～125ページ**5**

64点(1つ8)

```
395     400     405     410     415     420     425
```

① 四捨五入して十の位までのがい数にすると、410 になる整数は
　□ア 405 から □イ 414 までです。420 になる整数は □ウ　　　 から
　□エ　　　 までです。また、400 になる整数は □オ　　　 から □カ　　　
　までです。

② 一の位で四捨五入して 410 になる数のはんいのことを、
　「405 □キ　　　 415 □ク　　　」といいます。

⚠️ミスに注意！
2 四捨五入して十の位までのがい数にすると、480 になる数を全部、記号で答えましょう。　📖**教**上124～125ページ**5**　　　12点

　㋐ 483　　　　㋑ 475　　　　㋒ 485
　㋓ 474　　　　㋔ 484

（　　　　　　　　　）

3 四捨五入して、十の位までのがい数にすると 60 になる整数のうち、いちばん小さい数といちばん大きい数はいくつですか。
📖**教**上124～125ページ**5**　24点(1つ12)

いちばん小さい数（　　　　　　　）

いちばん大きい数（　　　　　　　）

教科書 📖 上124～125ページ

●がい数の表し方と使い方
⑦ **およその数の表し方と使い方を調べよう**
2 **がい数を使った計算**

[がい数の計算では、目的によって見当のつけ方をくふうします。]

❶ 378円のせんざいと、215円のはみがきこを買い、代金を1000円札ではらいます。おつりはおよそいくらになりますか。それぞれの代金の十の位の数字を四捨五入して百の位までのがい数にして、おつりを見積もりましょう。 📖教上126〜127ページ❶ 　　20点(式10・答え10)

式

　　　　　　　　　　　　　　答え （　　　　　　　　　　）

❷ ひかるさんのサッカークラブの人数は28人です。バスでサッカーの試合に行くのに、1人分のバス代は630円です。全員のバス代はおよそいくらになりますか。 📖教上128ページ❷ 　40点(①1つ10、②式10・答え10)

① 630と28を、それぞれ四捨五入して上から1けたのがい数にしましょう。

　　630 → （　600　）　　28 → （　　　　　）

② 全員のバス代の見積もりをしましょう。
　式

　　　　　　　　　　　　　　答え （　　　　　　　　　　）

＼よく 読んで！／
❸ ともはるさんのクラスの人数は32人です。クラス全員で動物園に行くとき、交通ひは31360円かかります。1人分の交通ひはおよそいくらになりますか。 📖教上128ページ❷ 　40点(①1つ10、②式10・答え10)

① 31360と32を、それぞれ四捨五入して上から1けたのがい数にしましょう。

　　31360 → （　　　　　）　　32 → （　　　　　）

② 1人分の交通ひの見積もりをしましょう。
　式

　　　　　　　　　　　　　　答え （　　　　　　　　　　）

教科書 📖 上126〜128ページ

時間 **15**分 ｜ 合かく **80**点 ｜ /100 ｜ 月　日

サクッと
こたえ
あわせ

答え **86**ページ

●計算のきまり
⑧ **計算のやくそくを調べよう**
Ⅰ　計算の順じょ　　　　　　　……（Ⅰ）

［（　）のある式は、（　）の中をひとまとまりとみて、先に計算します。］

よく読んで！

❶　みほさんは、350円のコンパスと240円の分度器（ぶんどき）を買って、1000円札（さつ）を出しました。おつりはいくらですか。（　）を使って1つの式に表し、答えを求（もと）めましょう。　📖教下3〜4ページ❶　　20点（式10・答え10）

式

答え（　　　　　　　）

よく読んで！

❷　1こ15円のあめと、1こ20円のガムを組にして買います。
📖教下3〜4ページ❶　20点（式5・答え5）

①　6組買うと、代金はいくらですか。1つの式に表し、答えを求めましょう。
式

答え（　　　　　　　）

②　700円では何組買えますか。1つの式に表し、答えを求めましょう。
式

答え（　　　　　　　）

❸　次の計算をしましょう。　📖教下4ページ⚠　　60点（1つ10）
①　1000−（270＋30）　　②　620＋（570−130）
　　＝1000−300＝

③　（43＋37）×16　　④　41×（52−37）

⑤　（300−75）÷45　　⑥　180÷（24＋36）

教科書 📖 下2〜4ページ

●計算のきまり
⑧ **計算のやくそくを調べよう**
Ⅰ　計算の順じょ　　　　　　　　……(2)

[式の中のかけ算やわり算は、たし算やひき算より先に計算します。]

❶ 次の問題を１つの式に表して、答えを求めましょう。　📖教下5ページ❷

16点(式10・答え6)

　１さつ140円のノートを6さつ買い、1000円札を出しました。おつりはいくらですか。

式　　　　　　　　　　　　　　　　　　　答え（　　　　　　　）

⚠ミスに注意!

❷ 次の計算をしましょう。　📖教下5ページ⚠　　　　　40点(1つ10)

①　$9+6\times18$

②　$450-350\div5$

③　$800-12\times25$

④　$72+28\div4$

❸ 計算の順じょを考えながら計算しています。□にあてはまる数を書きましょう。　📖教下6ページ❸

24点(1だい8)

①　$25\times4+344\div8=$□$+344\div8=$□$+$□$=$□

②　$64-27\div3\times7=64-$□$\times7=64-$□$=$□

③　$77-(32-4\times6)=77-(32-$□$)$

　　　　　　　$=77-$□$=$□

⚠ミスに注意!

❹ 次の計算をしましょう。　📖教下6ページ⚠　　　　　20点(1つ10)

①　$2\times24+12\div6$

②　$2\times(24-16)\div2$

きほんの
ドリル
41。

●計算のきまり
⑧ **計算のやくそくを調べよう**
2 計算のきまりとくふう

時間 **15**分　合かく **80点** ／**100**

月　　日

サクッと
こたえ
あわせ
答え **86**ページ

[計算のきまりを使って、計算をかんたんにすることができます。]

(■＋●)×▲＝■×▲＋●×▲　　(■－●)×▲＝■×▲－●×▲
■＋●＝●＋■　　　　　　　　■×●＝●×■
(■＋●)＋▲＝■＋(●＋▲)　　(■×●)×▲＝■×(●×▲)

⚠️ミスに注意!

❶ 次の ▢ にあてはまる数を書きましょう。　📖教下10ページ⚠️　10点(1だい5)

① $103×15＝(100＋▢)×15＝100×▢＋▢×15$

② $99×8＝(▢－1)×8＝▢×8－▢×8$

❷ 計算のきまりを使って、答えを求めましょう。　📖教下10ページ⚠️　20点(1つ10)

① $105×5$　　　　　② $68×4$

❸ 計算のきまりを使って、答えを求めましょう。　📖教下11ページ❷　60点(1つ10)

① $39＋13＋37$　　② $26＋68＋74$　　③ $8.7＋3.6＋6.4$

$＝39＋(13＋37)＝89$

④ $33×4×25$　　⑤ $5×13×4$　　⑥ $19×8×125$

❹ $4×3＝12$ をもとにして、下のかけ算の積を求めます。次の ▢ にあてはまる
数を書きましょう。　📖教下12ページ❸　10点(1だい5)

① $4×30＝\underbrace{4×3}×10$
　　$＝\boxed{⑦\ }×10$
　　$＝\boxed{④\ }$

② $40×30＝4×10×3×10$
　　　　　$＝\underbrace{4×3}×\underbrace{10×10}$
　　　　　$＝12　×　\boxed{⑦\ }$
　　　　　$＝\boxed{④\ }$

時間 15分 ／ 合かく 80点 ／ /100

月　　日

サクッと
こたえ
あわせ

答え 87ページ

●垂直、平行と四角形
⑨ **直線の交わり方やならび方に注目して調べよう**
1 直線の交わり方

[2本の直線が交わってできる角が直角のとき、この2本の直線は、垂直（すいちょく）であるといいます。]

❶ 次の □ にあてはまることばや記号を書きましょう。　📖教下15〜16ページ❶

30点(1つ15)

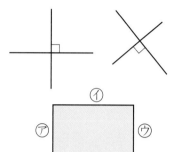

① 右の図のように、2本の直線が交わってできる角が直角のとき、この2本の直線は、

 垂直 であるといいます。

② 右の図の長方形で、⑦、⑦のうち、⑦の辺（へん）と垂直な辺は、 □ です。

❷ 右の図で、(ア)の直線に垂直な直線はどれですか。全部記号で答えましょう。

📖教下16ページ⚠ 30点

(三角じょうぎで調べましょう。)

(　　　　　　　　　)

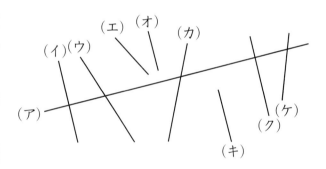

❸ 2まいの三角じょうぎを使って、次のような直線をひきましょう。

📖教下16〜17ページ❷ 40点(1つ20)

① 点A（エー）を通り、⑦の直線に垂直な直線

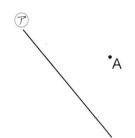

・A

② ⑦の直線に垂直な直線を2本

⑦ ────────────

教科書 📖 下14〜17ページ

きほんの
ドリル
43。

●垂直、平行と四角形
⑨ 直線の交わり方やならび方に注目して調べよう
2 直線のならび方 ……（1）

時間 15分　合かく 80点　/100

月　日

サクッと
こたえ
あわせ

答え 87ページ

［1本の直線に垂直な2本の直線は平行であるといい、はばはどこも等しくなっています。］

❶ 次の □ にあてはまることばや記号を書きましょう。　教下18〜19ページ❶

10点（1つ5）

① 右の図のように、1本の直線に垂直な
2本の直線は、 平行 であるといいます。

② 右の図の正方形で、⑦の辺と平行な辺
は、 □ です。

［平行な直線は、どこまでのばしても交わりません。］

❷ 右の図で、平行な直線はどれとどれですか。
全部記号で答えましょう。　教下19ページ⚠

10点

（三角じょうぎで調べましょう。）

（　　　　　　　　　　　）

［平行な直線は、ほかの直線と等しい角度で交わります。］

❸ 次のあ〜くの角度はそれぞれ何度ですか。　教下21ページ⚠　80点（1つ10）

①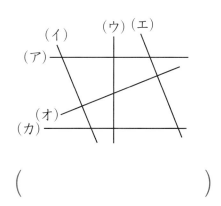

（（イ）、（ウ）、（エ）は平行）

②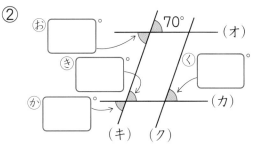

（（オ）と（カ）、（キ）と（ク）は
それぞれ平行）

きほんの
ドリル
44。

●垂直、平行と四角形

⑨ **直線の交わり方やならび方に注目して調べよう**
2　直線のならび方　……(2)

時間 15分　合かく 80点　/100

月　日

サクッと
こたえ
あわせ
答え 87ページ

❶ 2まいの三角じょうぎを使って、次のような直線をひきましょう。

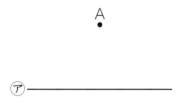 教下22〜23ページ❹、△、△　40点(1つ20)

① 点Ａを通り㋐の直線に平行な直線　② ㋑の直線に平行な直線を2本

A
・

㋑

㋐ ─────────────

[方がんを使って、直線のかたむきぐあいを調べて、平行な直線や垂直な直線をひきます。]

❷ 下の①の直線に平行な直線をひきましょう。また、②の直線に垂直な直線をひきましょう。　　教下24ページ❺　　40点(1つ20)

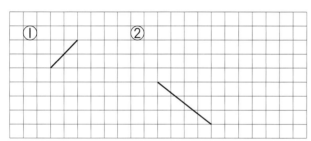

❸ 下の図を見て、次の問いに答えましょう。　教下24ページ△　20点(1つ10)

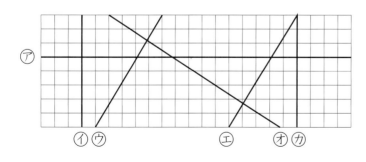

三角じょうぎで
たしかめよう。

① 垂直な直線は、どれとどれですか。　（　　　　　　　　　）

② 平行な直線は、どれとどれですか。　（　　　　　　　　　）

●垂直、平行と四角形
⑨　**直線の交わり方やならび方に注目して調べよう**
3　いろいろな四角形　　……(1)

[平行四辺形の辺と角の特ちょうをまとめます。]

1 次の□にあてはまる数やことばを書きましょう。　教下25〜27ページ1、2

30点(1つ5)

①　向かい合った □ 組の辺が 平行 な四角形を、
だいけい
台形といいます。

②　向かい合った □ 組の辺が □ な四角形を、
平行四辺形といいます。

③　平行四辺形では、向かい合った □ の長さ、向かい合った角の大きさ
は、それぞれ □ です。

（平行四辺形）

2 右の方がんを使って、
台形と平行四辺形を
1つずつかきましょう。
　教下26ページ⚠、⚠

30点(1つ15)

⚠ミスに注意!
3 次の四角形は平行四辺形です。□にあてはまる数を書きましょう。

教下27ページ③　20点(1つ5)

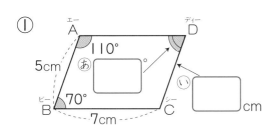

①

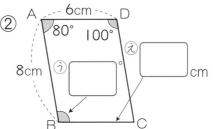

②

4 右の図のような平行四辺形をかきましょう。
　教下28ページ3　20点

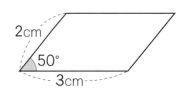

きほんのドリル
46。

時間 15分 | 合かく 80点 | /100 | 月 日

●垂直、平行と四角形
⑨ **直線の交わり方やならび方に注目して調べよう**
3 いろいろな四角形 ……(2)

サクッとこたえあわせ
答え 88ページ

[ひし形の辺と角の特ちょうをまとめます。]

❶ 次の□にあてはまることばを書きましょう。 📖教下29ページ❹ 15点(1つ5)

① 辺の長さがすべて□□□□四角形を、

ひし形といいます。

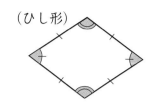
（ひし形）

② ひし形では、向かい合った辺は□□□□で、

向かい合った□の大きさは等しくなっています。

❷ 次の四角形はひし形です。□にあてはまる数を書きましょう。

📖教下30ページ🔺 30点(1つ5)

① 4cm 70° 110° あ□° い□cm う□°

② 5cm 80° 100° え□° お□cm か□°

❸ 右の□の中に、コンパスを使って、半径が等しい円を2つかき、ひし形をかきましょう。 📖教下30ページ🔺

15点

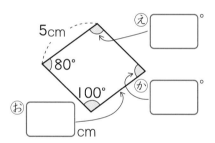

❹ 下の図の2つの辺をもとに、ひし形を完成させましょう。 📖教下30ページ🔺

40点(1つ20)

① 2cm 45° 2cm

② 2cm 120° 2cm

さはんの
ドリル
47。

●垂直、平行と四角形
⑨ **直線の交わり方やならび方に注目して調べよう**
4 対角線と四角形の特ちょう

時間 15分　合かく 80点 ／100　月　日

サクッと
こたえ
あわせ

答え 88ページ

[四角形の2本の対角線の長さや交わる角の大きさについてまとめます。]

1 次の □ にあてはまる数やことばを書きましょう。　教下31〜32ページ❶

10点(1つ5)

向かい合った頂点を結んだ直線を │対角線│ といい、四角形には

かならず □ 本あります。

2 次のそれぞれの四角形の特ちょうが、あてはまるものに〇、あてはまらないもの
に×を書きましょう。　教下31〜32ページ❶　　　　50点(1だい10)

	①正方形	②長方形	③台形	④平行四辺形	⑤ひし形
2本の対角線の長さが等しい					
2本の対角線が垂直である					
2本の対角線がそれぞれの真ん中の点で交わる					

3 四角形の対角線が下のようになっているとき、それぞれどんな四角形ですか。

教下32ページ⚠　40点(1つ10)

①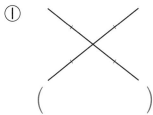

（　　　　　）

②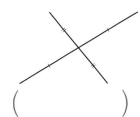

（　　　　　）

③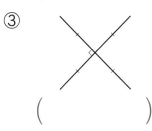

（　　　　　）

④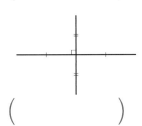

（　　　　　）

対角線の長さや
交わった角の大きさ
から考えましょう。

● 垂直、平行と四角形
⑨ 直線の交わり方やならび方に注目して調べよう

1 次の ☐ にあてはまる数を書きましょう。　30点(1つ5)

① （ア）と（イ）の直線は平行

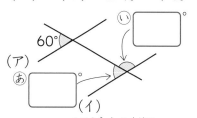

② 四角形はひし形

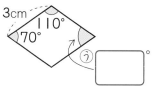

③ 四角形は平行四辺形

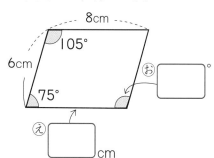

④ 四角形は長方形

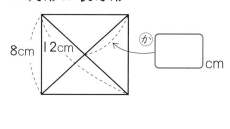

2 下の図の2つの辺をもとに、（　）の図形を完成させましょう。　30点(1つ15)

① （平行四辺形）

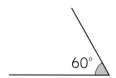

② （長方形）

3 下の特ちょうをもつ⑧〜⑦の四角形の名前を書きましょう。　40点(1つ10)

	⑧	⑩	⑨	⑦
2本の対角線が垂直である		○		○
2本の対角線の長さが等しい	○			○
4つの角がすべて直角である	○			○
向かい合った2組の辺が平行である	○	○	○	○
4つの辺の長さがすべて等しい		○		○

⑧（　　　　　　）

⑩（　　　　　　）

⑨（　　　　　　）

⑦（　　　　　　）

教科書 下14〜35ページ

●分数
⑩　**分数をくわしく調べよう**
Ⅰ　分数の表し方

[Ⅰより大きい分数は、帯分数と仮分数の2つの表し方があります。]

1 下の数直線で、㋐〜㋕のめもりが表す分数はいくつですか。Ⅰより大き
い分数は仮分数と帯分数の両方で表しましょう。　教下39ページ⚠

25点(1つ5)

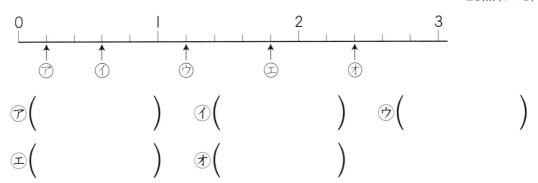

㋐（　　　　　　）　㋑（　　　　　　　）　㋒（　　　　　　　）

㋓（　　　　　　）　㋔（　　　　　　）

2 次の仮分数を、帯分数か整数になおしましょう。　教下40ページ⚠　30点(1つ5)

① $\frac{8}{3}$（　　　　）　② $\frac{24}{6}$（　　　　）　③ $\frac{43}{8}$（　　　　）

④ $\frac{72}{9}$（　　　　）　⑤ $\frac{9}{2}$（　　　　）　⑥ $\frac{52}{7}$（　　　　）

3 次の帯分数を、仮分数になおしましょう。　教下41ページ⚠　30点(1つ5)

① $1\frac{1}{8}$（　　　　）　② $2\frac{3}{4}$（　　　　）　③ $3\frac{3}{7}$（　　　　）

④ $4\frac{5}{6}$（　　　　）　⑤ $5\frac{2}{7}$（　　　　）　⑥ $4\frac{8}{9}$（　　　　）

⚠ミスに注意!
[帯分数を仮分数になおして、2つの分数の大きさをくらべます。]

4 次の□にあてはまる不等号を書きましょう。　教下41ページ⚠　15点(1つ5)

① $1\frac{3}{7}$ □ $\frac{9}{7}$　② $2\frac{3}{8}$ □ $\frac{23}{8}$　③ $3\frac{5}{6}$ □ $\frac{25}{6}$

●分数
⑩　分数をくわしく調べよう
2　分母がちがう分数の大きさ

[分数は、分母がちがっていても、大きさが等しい分数がたくさんあります。]

❶ 下の数直線を使って、次の問いに答えましょう。　教下42〜43ページ❶

40点(1つ10)

```
0        1/3        2/3        1

0    1/6  2/6  3/6  4/6  5/6    1

0  1/9 2/9 3/9 4/9 5/9 6/9 7/9 8/9  1
```

① $\dfrac{1}{3}$ と大きさが等しい分数を見つけましょう。

$$\dfrac{1}{3} = \boxed{} = \boxed{}$$

② $\dfrac{6}{9}$ を、分母がいちばん小さい分数で表しましょう。

(　　　　　　　)

③ $\dfrac{5}{6}$ と $\dfrac{5}{9}$ はどちらが大きいですか。

(　　　　　　　)

[分子が同じ分数では、分母が大きいほど小さい分数になります。]

❷ 次の□にあてはまる不等号を書きましょう。　教下43ページ⚠　40点(1つ20)

① $\dfrac{1}{4}$ ☐ $\dfrac{1}{6}$

② $\dfrac{3}{7}$ ☐ $\dfrac{3}{5}$

⚠ミスに注意!

❸ $\dfrac{2}{3}$、$\dfrac{2}{4}$、$\dfrac{2}{5}$、$\dfrac{2}{6}$ を小さい順に書きましょう。　教下42〜43ページ❶　20点

(　　　　　　　　　　　　　)

教科書📖 下42〜43ページ

サクッと
こたえ
あわせ

●分数

⑩ 分数をくわしく調べよう
3　分数のたし算とひき算

……(1)　答え 89ページ

❶ 次の □ にあてはまる数を書きましょう。　📖教 下44ページ❶　　28点(1だい7)

① $\dfrac{1}{4} + \dfrac{2}{4}$ ……$\dfrac{1}{4}$ の $\left(\boxed{1} + \boxed{2}\right)$ こ分で、$\dfrac{\boxed{3}}{4}$

② $\dfrac{2}{6} + \dfrac{3}{6}$ ……$\dfrac{1}{6}$ の $\left(\boxed{} + \boxed{}\right)$ こ分で、$\boxed{}$

③ $\dfrac{3}{4} - \dfrac{1}{4}$ ……$\dfrac{1}{4}$ の $\left(\boxed{3} - \boxed{1}\right)$ こ分で、$\dfrac{\boxed{}}{4}$

④ $\dfrac{5}{7} - \dfrac{2}{7}$ ……$\dfrac{1}{7}$ の $\left(\boxed{} - \boxed{}\right)$ こ分で、$\boxed{}$

❷ 次の計算をしましょう。　📖教 下44ページ⚠、⚠　　72点(1つ6)

① $\dfrac{1}{3} + \dfrac{1}{3}$　　② $\dfrac{2}{4} + \dfrac{3}{4}$　　③ $\dfrac{1}{5} + \dfrac{2}{5}$　　④ $\dfrac{3}{6} + \dfrac{2}{6}$

⑤ $\dfrac{4}{7} + \dfrac{3}{7}$　　⑥ $\dfrac{3}{8} + \dfrac{5}{8}$　　⑦ $\dfrac{2}{4} - \dfrac{1}{4}$　　⑧ $\dfrac{6}{7} - \dfrac{3}{7}$

⑨ $\dfrac{7}{9} - \dfrac{2}{9}$　　⑩ $\dfrac{5}{3} - \dfrac{2}{3}$　　⑪ $\dfrac{14}{5} - \dfrac{8}{5}$　　⑫ $\dfrac{13}{6} - \dfrac{1}{6}$

教科書 📖 下44ページ

●分数
⑩ **分数をくわしく調べよう**
3　分数のたし算とひき算　　　……(2)

[帯分数のたし算には、帯分数を整数部分と分数部分に分けて計算するしかたと、帯分数を仮分数になおして計算するしかたがあります。]

❶ 次の□にあてはまる数を書きましょう。　📖教下45ページ❷、46ページ❸

28点(1だい7)

① ⓐ $2\dfrac{1}{6} + 1\dfrac{4}{6} = 3\dfrac{\boxed{}}{6}$

　 ⓘ $2\dfrac{1}{6} + 1\dfrac{4}{6} = \dfrac{\boxed{}}{6} + \dfrac{\boxed{}}{6} = \boxed{}$

② ⓐ $2\dfrac{1}{5} - 1\dfrac{3}{5} = 1\dfrac{\boxed{}}{5} - 1\dfrac{3}{5} = \boxed{}$

　 ⓘ $2\dfrac{1}{5} - 1\dfrac{3}{5} = \dfrac{\boxed{}}{5} - \dfrac{\boxed{}}{5} = \boxed{}$

2つの計算のしかたがあるね。

❷ 次の計算をしましょう。　📖教下45ページ❸、46ページ❹

72点(1つ6)

① $1\dfrac{1}{7} + \dfrac{3}{7}$

② $\dfrac{2}{4} + 2\dfrac{1}{4}$

③ $3 + 2\dfrac{5}{7}$

④ $1\dfrac{3}{6} + 2\dfrac{2}{6}$

⑤ $3\dfrac{3}{8} + 2\dfrac{6}{8}$

⑥ $1\dfrac{3}{7} + \dfrac{4}{7}$

⑦ $2\dfrac{2}{3} - \dfrac{1}{3}$

⑧ $1\dfrac{7}{9} - \dfrac{5}{9}$

⑨ $6\dfrac{5}{7} - 4$

⑩ $1\dfrac{1}{3} - \dfrac{2}{3}$

⑪ $3\dfrac{1}{5} - 2\dfrac{4}{5}$

⑫ $3 - \dfrac{3}{7}$

教科書 📖 下45〜46ページ

サクッと
こたえ
あわせ

答え **90** ページ

●分数
⑩　**分数をくわしく調べよう**

1 下の数直線を見て答えましょう。　　　　　35点（①1だい5、②1つ5）

① ア、イ、ウのめもりが表す分数を、仮分数と帯分数で表しましょう。

ア（　　　、　　　）イ（　　　、　　　）ウ（　　　、　　　）

② 次の数を表すめもりに ↑ をかきましょう。

あ $\dfrac{4}{5}$　　い $\dfrac{9}{5}$　　う $2\dfrac{1}{5}$　　え 3より$\dfrac{1}{5}$小さい数

⚠️ミスに注意!

2 次の分数を大きい順に書きましょう。　　　　20点（1つ10）

① $\dfrac{18}{7}$、$\dfrac{15}{7}$、$2\dfrac{3}{7}$　　　　② $2\dfrac{1}{6}$、$1\dfrac{2}{6}$、$\dfrac{9}{6}$

（　　、　　、　　）（　　、　　、　　）

⚠️ミスに注意!

3 次の □ にあてはまる、等号や不等号を書きましょう。　　15点（1つ5）

① $1\dfrac{1}{3}$ □ $\dfrac{5}{3}$　　② $4\dfrac{2}{7}$ □ $\dfrac{29}{7}$　　③ $8\dfrac{1}{5}$ □ $7\dfrac{6}{5}$

4 次の計算をしましょう。　　　　30点（1つ5）

① $\dfrac{5}{7}+\dfrac{1}{7}$　　② $2\dfrac{1}{3}+3\dfrac{2}{3}$　　③ $1\dfrac{2}{8}+\dfrac{3}{8}$

④ $\dfrac{13}{9}-\dfrac{5}{9}$　　⑤ $1-\dfrac{5}{8}$　　⑥ $4\dfrac{2}{9}-\dfrac{4}{9}$

教科書 📖 **下36〜48ページ**

●変わり方調べ

⑪ **変わり方に注目して調べよう……(1)**

時間 **15**分 ｜ 合かく **80点** ｜ /**100** ｜ 月　日

サクッと こたえ あわせ

答え **90** ページ

[2つの数の変わり方を調べるときは、表にまとめると関係が見つけやすくなります。]

❶ 15 まいの色紙を、みゆきさんと妹で分けます。　📖教下51〜52ページ❶

50点(①1だい20、②③1つ15)

① みゆきさんと妹の色紙のまい数を、表にまとめましょう。

みゆきさんの色紙の数（まい）	1	2	3	4	5	6
妹の色紙の数　　　（まい）	14	13				

② みゆきさんの色紙の数を□まい、妹の色紙の数を○まいとして、□と○の関係を式に表しましょう。

(　　　　　　　　　　　)

③ みゆきさんの色紙の数が1まいずつふえていくと、妹の色紙の数はどのように変わりますか。

(　　　　　　　　　　　)

❷ 右の図のように、画用紙を重ねて上だけをピンでとめていきます。　📖教下53ページ❷

50点(①1だい20、②③1つ15)

① 画用紙のまい数とピンのこ数を、表にまとめましょう。

画用紙のまい数（まい）	1	2	3	4	5	6
ピンのこ数　　　（こ）	2	3				

② 画用紙のまい数を□まい、ピンのこ数を○ことして、□と○の関係を式に表しましょう。

(　　　　　　　　　　　)

③ 画用紙のまい数□が15まいのときの、ピンのこ数○を求めましょう。

(　　　　　　　　　　　)

教科書 📖 下50〜53ページ

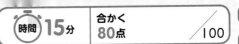
●変わり方調べ
⑪ **変わり方に注目して調べよう……(2)**

1 1辺が1cmの正三角形があります。1辺の長さを2cm、3cm、……にのばすと、まわりの長さがどのように変わるか調べます。　教下53ページ2、54〜55ページ3

100点(①1だい20、②1つ10、③⑤式10・答え10、④1つ20)

① 1辺の長さとまわりの長さを、表にまとめましょう。

1辺の長さ （cm）	1	2	3	4	5
まわりの長さ（cm）	3	6			

② 1辺の長さとまわりの長さの関係について、次の□にあてはまる数を書きましょう。

　あ　1辺の長さが1ずつふえると、まわりの長さは□ずつふえる。

　い　1辺の長さの□倍が、まわりの長さを表す数になっている。

③ 上の②のいの関係を使って、1辺の長さが35cmのときのまわりの長さを求めましょう。

　式

　　　　　　　　　　　　　　　　　答え（　　　　　　）

④ 1辺の長さを□cm、まわりの長さを〇cmとして、□と〇の関係を式に表しましょう。

　　　　　　　　　　　　　　　　（　　　　　　　　　）

⑤ 1辺の長さ□が18cmのときの、まわりの長さ〇を求めましょう。

　式

　　　　　　　　　　　　　　　　　答え（　　　　　　）

教科書　下53〜55ページ

時間 15分　合かく 80点　/100

月　日

答え 90 ページ

わり算の筆算 (2) ／がい数の表し方と使い方／計算のきまり

1 次の計算をしましょう。　　　　　　　　　　　　　　36点(1つ9)

① $35\overline{)80}$　　② $47\overline{)544}$　　③ $300\overline{)4900}$　　④ $316\overline{)715}$

➷よく読んで！➷

2 えん筆が 460 本あります。1 人に 12 本ずつ配ると、何人に配れて、何本あまりますか。　　　　　　　　　21点(式14・答え7)

式

答え（　　　　　　　　　　　　　）

3 百の位を四捨五入して千の位までのがい数にするとき、19000 になる整数のうちで、いちばん小さい数といちばん大きい数を求めましょう。　　　　　　　　　　　　　　14点(1つ7)

いちばん小さい数（　　　　　） 　いちばん大きい数（　　　　　）

4 (130＋75)×4 と答えが等しくなる式は、どちらですか。記号で答えましょう。　　　　　　　8点

⑦　130＋75×4　　　　　　①　130×4＋75×4

（　　　　　）

➷よく読んで！➷

5 120 円のおかし 1 こと 50 円のおかし 1 こを 1 組にして買います。850 円では何組買えますか。　　　　　21点(式14・答え7)

式（1つの式で表しましょう。）

答え（　　　　　）

時間 **15**分 | 合かく **80**点 / **100**

月　　日

サクッと
こたえ
あわせ

答え **90** ページ

垂直、平行と四角形／分数／変わり方調べ

1 右の図で、四角形ＡＢＣＤは平行四辺形、ＡＥＦＤは長方形です。次の問いに答えましょう。
10点(1つ5)

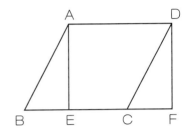

① 辺ＢＣと平行な辺はどれですか。

(　　　　　　　　)

② 辺ＥＦと垂直な辺はどれとどれですか。

(　　　　　　　　)

⚠️ミスに注意!

2 次の □ にあてはまる数を書きましょう。
25点(1つ5)

①
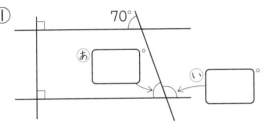

② （ひし形）
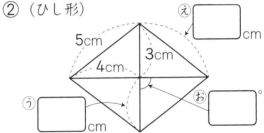

3 次の計算をしましょう。

① $1\dfrac{3}{5} + 2\dfrac{2}{5}$ 　　② $1\dfrac{4}{9} - \dfrac{5}{9}$ 　　③ $2 - \dfrac{5}{7}$

 いちごが 38 こあります。食べた数と残りの数の関係を調べます。
35点(①1だい15、②③1つ10)

① 食べた数と残りの数を、表にまとめましょう。

食べた数 （こ）	1	2	3	4	5	6	
残りの数 （こ）							

② 食べた数を □ こ、残りの数を ○ ことして、□ と ○ の関係を式に表しましょう。

(　　　　　　　　)

③ 食べた数 □ が 13 このときの、残りの数 ○ を求めましょう。

(　　　　　　　　)

●面積のくらべ方と表し方
⑫ **広さのくらべ方と表し方を考えよう**
Ⅰ　広さのくらべ方と表し方

時間 15分　合かく 80点　／100

月　日

サクッと
こたえ
あわせ

答え 91ページ

［面積は、１辺が１cm の正方形の面積（１cm²）をもとにして、それが何こ分あるかで表します。

❶ 次の □ にあてはまることばや数を書きましょう。　📖教下59～60ページ❶

30点（1つ6）

広さのことを 面積 といいます。１辺が □ cm の正方形の面積を

１平方センチメートルといい、□ と書きます。

たて４cm、横５cm の長方形を、１辺が１cm の

正方形に区切ると、正方形は □ こならんでい

るので、この長方形の面積は □ となります。

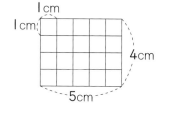

⚠ミスに注意!

❷ 色をぬった部分の図の面積は、それぞれ何 cm² ですか。　📖教下61ページ⚠

30点（1つ10）

①（　　　　　　）

②（　　　　　　）

③（　　　　　　）

❸ 面積が２cm² の、いろいろな形を４つかきましょう。　📖教下61ページ⚠

40点（1つ10）

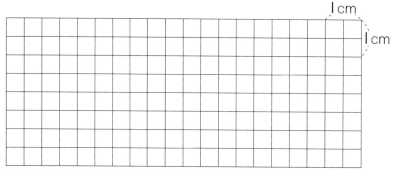

教科書 📖 下58～61ページ

時間 **15**分 ｜ 合かく **80点** ／**100** ｜ 月　　日

サクッと
こたえ
あわせ
答え **91** ページ

●面積のくらべ方と表し方
⑫ **広さのくらべ方と表し方を考えよう**
2 **長方形と正方形の面積** ……(1)

[長方形や正方形の面積は計算で求めることができます。]

❶ 次の ◯ にあてはまることばを書きましょう。　📖教下62〜63ページ**1**

20点 (1だい10)

① 長方形の面積 ＝ たて × 横

② 正方形の面積 ＝ ◯ × ◯

❷ 次の長方形や正方形の面積を求めましょう。　📖教下64ページ⚠

40点 (式10・答え10)

① たてが15cm、横が4cmの長方形

式

答え（　　　　　　）

面積の公式に
あてはめましょう。

② 1辺が8cmの正方形

式

答え（　　　　　　）

⚠ミスに注意！
❸ 次の長方形で、◯ にあてはまる数を求めましょう。　📖教下64ページ⚠

40点 (式10・答え10)

①

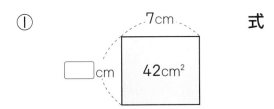

式

答え（　　　　　　）

②

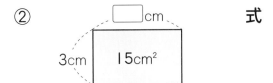

式

答え（　　　　　　）

きほんの
ドリル
60。

●面積のくらべ方と表し方
⑫ 広さのくらべ方と表し方を考えよう
2　長方形と正方形の面積　　　……(2)

時間 15分　合かく 80点　／100

月　　日

サクッと
こたえ
あわせ
答え 91ページ

[ふくざつな形の面積は、長方形の形をもとにして求めます。]

1 下のような形の面積の求め方を、⑦、⑦、⑦のように考えました。

📖教下65～67ページ❷　40点(1つ10)

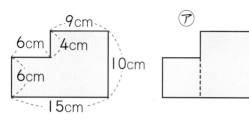

① それぞれの求め方を式で表しましょう。

⑦ (　　　　　　　　　　　　　)

⑦ (　　　　　　　　　　　　　)

⑦ (　　　　　　　　　　　　　)

② 面積を求めましょう。

(　　　　　　　)

⚠️ミスに注意！

2 下のような形の面積を求めましょう。　📖教下65～67ページ❷　60点(式10・答え10)

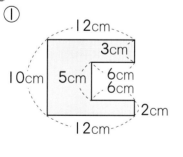
①

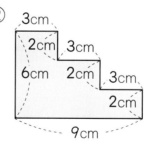
②

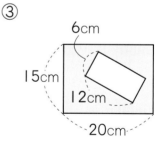
③

式　　　　　　　　式　　　　　　　　式

答え (　　　　)　答え (　　　　)　答え (　　　　)

教科書 📖 下65～67ページ

時間 15分　合かく 80点　／100　月　日

サクッと
こたえ
あわせ

答え 91 ページ

● 面積のくらべ方と表し方
⑫ **広さのくらべ方と表し方を考えよう**
3　大きな面積の単位　……（１）

[大きな面積を表す単位に、m² があります。]

❶ 次の □ にあてはまる単位を書きましょう。　📖教下68〜69ページ❶

10点（1つ5）

１辺が１ｍの正方形の面積を１ ［　　　　　　　］といい、

１ ［ m² ］と書きます。

❷ 次の長方形や正方形の面積を求めましょう。　📖教下68〜69ページ❶

40点（式10・答え10）

①　たてが１５ｍ、横が８ｍの長方形

式

答え（　　　　　　）

②　１辺が９ｍの正方形

式

答え（　　　　　　）

⚠️ミスに注意！

❸ 次の □ にあてはまる数を書きましょう。　📖教下68〜69ページ❶　30点（1つ10）

①　１m²＝［　　　　］cm²　　②　25m²＝［　　　　］cm²

③　650000cm²＝［　　　　］m²

[面積を計算で求めるときは、辺の長さを同じ単位にそろえます。]

❹ たてが６ｍ、横が３００cmの長方形の形をした土地の面積は何m²ですか。　📖教下69ページ⚠️

20点（式10・答え10）

式

答え（　　　　　　）

教科書 📖 下68〜69ページ

時間 15分 | 合かく 80点 | /100 | 月 日

●面積のくらべ方と表し方
⑫ 広さのくらべ方と表し方を考えよう
3 大きな面積の単位 ……(2)

サクッと こたえ あわせ

答え 91ページ

[大きな面積を表す単位に、aやha、km² があります。]

1 次の □ にあてはまる単位や数を書きましょう。 📖教下69〜70ページ❷、71ページ❸

45点(1つ5)

① 100 m² の面積を 1 □ といい、1 **a** と書きます。1辺が □ m の正方形の面積が 1 a です。

② 10000 m² の面積を 1 □ といい、1 □ と書きます。

1辺が □ m の正方形の面積が 1 ha です。

③ 1辺が 1 km の正方形の面積を 1 □ といい、

1 □ と書きます。 1 km² = □ m² です。

2 次の長方形や正方形の面積を求め、( )の中の単位で答えましょう。

📖教下69〜70ページ❷ 40点(式10・答え10)

① たてが 30 m、横が 40 m の長方形の形をした畑の面積(a)

式

答え ( )

② 1辺が 200 m の正方形の形をした牧場の面積(ha)

式

答え ( )

⚠️ミスに注意!

3 次の □ にあてはまる数を書きましょう。 📖教下70ページ⚠️、71ページ❸

15点(1つ5)

① 1 ha = □ a   ② 70000000 m² = □ km²

③ 42 km² = □ m²

教科書 📖 下69〜71ページ

●面積のくらべ方と表し方
⑫ **広さのくらべ方と表し方を考えよう**
4 辺の長さと面積の関係

1 まわりの長さが 20 cm になるように、長方形や正方形をつくり、面積の変わり
方を調べます。　📖教下73ページ❶　100点（①②⑤1つ10、③1だい25、④25、⑥1だい10）

① たての長さが6cm のときの、横の長さと面積を求めましょう。

　　　　　　　　　　横（　　　　　　　　）面積（　　　　　　　）

② 正方形になるのは、たての長さが何 cm のときですか。

　　　　　　　　　　　　　　　　　　　　（　　　　　　）

③ 下の表を完成させましょう。

たて (cm)	1	2	3	4	5	6	7	8	9
横 (cm)									
面積 (cm²)									

④ たての長さが 1 cm、2 cm、…と変
わるときの面積の変わり方を、折れ線
グラフに表しましょう。

⑤ 面積がいちばん大きいのは、たての
長さが何 cm のときですか。

　　　　　　　（　　　　　　　）

⑥ 面積の変わり方について、次の◻︎
にあてはまる数を書きましょう。

　面積は、たての長さが ◻︎ cm ま

でふえて、◻︎ cm より長くなると

へる。

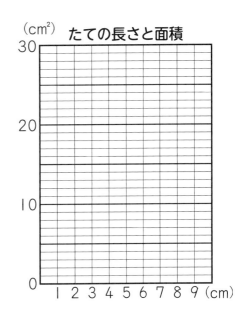

（cm²）　たての長さと面積

教科書 📖 下73ページ

まとめの ドリル 64。

●面積のくらべ方と表し方
⑫ 広さのくらべ方と表し方を考えよう

時間 15分　合かく 80点　／100

サクッと こたえ あわせ
答え 92ページ

1 次の長方形や正方形の面積を求めましょう。　60点(式10・答え5)

① たてが 9 cm、横が 13 cm の長方形

式

答え （　　　　　）

② 1辺が 12 cm の正方形

式

答え （　　　　　）

③ たてが 8 m、横が 11 m の長方形

式

答え （　　　　　）

④ 1辺が 5 km の正方形

式

答え （　　　　　）

2 1辺が 400 m の正方形の面積は何 m² ですか。また、何 ha ですか。
20点(式10・答え1つ5)

式

答え （　　　　　m²）
（　　　　　ha）

3 下のような形の面積を求めましょう。　20点(式15・答え5)

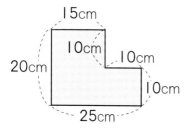

式

答え （　　　　　）

教科書 📖 下58〜75ページ

● 小数のかけ算とわり算

⑬ **小数のかけ算とわり算を考えよう**

Ⅰ　小数のかけ算　　　　　　　　……(1)

[0.3×4の積は、0.1が(3×4)こと同じです。]

1 次のかけ算をしましょう。　📖教下77～78ページ❶　　　　30点(1つ5)

① 0.4×7　　　　② 0.3×4　　　　③ 0.4×8

④ 0.7×8　　　　⑤ 0.8×6　　　　⑥ 0.9×7

2 水が3.8L入る入れ物があります。この入れ物6こでは水は全部で何L入りますか。　📖教下78～79ページ❷　　　　20点(式10・答え10)

式

答え（　　　　　　　　　）

[筆算では、整数×整数のように計算してから、あとで小数点をうちます。]

3 次の計算をしましょう。　📖教下78～79ページ❷、⚠　　　　50点(1つ5)

①　　1.2　　　②　　1.4　　　③　　2.8　　　④　　2.4
　×　　3　　　　×　　3　　　　×　　6　　　　×　　8

⑤　　3.7　　　⑥　　7.6　　　⑦　　9.8　　　⑧　　5.4
　×　　4　　　　×　　7　　　　×　　9　　　　×　　6

⑨　　10.7　　⑩　　14.7
　×　　　5　　　×　　　8

サクッと
こたえ
あわせ

答え 92ページ

●小数のかけ算とわり算
⑬ 小数のかけ算とわり算を考えよう
Ｉ　小数のかけ算　　　　　……(2)

⚠️ミスに注意！

1 次の計算をしましょう。　📖教下80ページ❸　　　20点(1つ5)

① 0.1
× 5

② 0.5
× 4

③ 2.6
× 5

④ 3.5
× 4

[積に小数点をうつときは、かけられる数にそろえてうちます。]

2 次の計算をしましょう。

📖教下80ページ❸、⚠️　36点(1つ6)

① 1.3
×12

② 0.4
×19

◆2けたの整数をかける◆

2.8
× 2.3
8.4 ←28×3
5.6 ←28×20
6.4.4 かけられる数にそろ
えて小数点をうつ。

③ 12.4
× 32

④ 10.6
× 43

⑤ 25.4
× 85

⑥ 74.8
× 30

[かけられる数が $\frac{1}{100}$ の位まであっても、これまでと同じように計算します。]

3 次の計算をしましょう。　📖教下81〜82ページ❹　　　20点(1つ5)

① 4.18
× 3

② 3.73
× 2

③ 3.26
× 5

④ 0.34
× 6

4 次の計算をしましょう。　📖教下82ページ⚠️　　　24点(1つ6)

① 3.18
× 42

② 6.38
× 62

③ 7.03
× 54

④ 4.35
× 72

教科書📖 下80〜82ページ

●小数のかけ算とわり算

⑬　**小数のかけ算とわり算を考えよう**
2　小数のわり算　……（1）

[4.8÷3は、4.8を0.1が48こ の集まりとして考え、48÷3を計算して小数点をうちます。]

❶ 次の計算をしましょう。　📖教下84ページ⚠　　　20点(1つ5)

①　2.6÷2　　②　3.6÷3　　③　8.8÷4　　④　6.8÷2

❷ 次の計算をしましょう。　📖教下84〜86ページ❷、⚠　　24点(1つ8)

①
$$4\overline{)7.2}$$

②
$$6\overline{)74.4}$$

③
$$8\overline{)63.2}$$

[わられる数がわる数より小さいときは、一の位に0を書いて小数点をうちます。]

❸ 次の計算をしましょう。　📖教下87ページ❸　　　32点(1つ8)

①
$$9\overline{)3.6}$$
（0.4 / 3 6 / 0）

②
$$5\overline{)3.5}$$

③
$$7\overline{)6.3}$$

④
$$4\overline{)2.8}$$

❹ 次の計算をしましょう。　📖教下87ページ❸、⚠　　24点(1つ8)

①
$$27\overline{)91.8}$$
（3 / 81）

②
$$23\overline{)82.8}$$

③
$$37\overline{)29.6}$$

教科書 📖 下83〜87ページ

きほんの
ドリル
68。

● 小数のかけ算とわり算

⑬ **小数のかけ算とわり算を考えよう**
2　小数のわり算　　　　　　　……(2)

時間 15分 ｜ 合かく 80点 ｜ ／100 ｜ 月　日

サクッと
こたえ
あわせ

答え 93ページ

❶ 次の計算をしましょう。　教 下88ページ**4**、⚠　　　　28点(1つ7)

①　8)9.68　　②　6)3.06　　③　14)2.66　　④　42)5.88

❷ 次の計算をしましょう。　教 下88ページ**4**、⚠　　　　24点(1つ6)

①　6)0.36　　②　52)4.16　　③　7)0.392　　④　64)0.256

［小数のわり算であまりがあるとき、あまりの小数点はわられる数の小数点にそろえます。］

❸ 次の計算を、商は一の位まで求め、あまりも出しましょう。また、けん算もしましょう。　教 下89ページ**5**、⚠　　　　48点(答え6・けん算6)

①　4)59.5

②　3)38.9

けん算(　　　　　　　　)　けん算(　　　　　　　　)

③　22)63.7

④　19)49.2

けん算(　　　　　　　　)　けん算(　　　　　　　　)

教科書 下88〜89ページ

時間 15分　合かく 80点　/100　　月　日

サクッと
こたえ
あわせ

●小数のかけ算とわり算
⑬　**小数のかけ算とわり算を考えよう**
2　小数のわり算　　　……(3)

答え 94ページ

[わりきれるまでわるには、わられる数のあとに0をつけてわり算を続けます。]

❶ わりきれるまで計算しましょう。　教下90ページ❻、⚠　　32点(1つ8)

①
$$6\overline{)150}$$

②
$$4\overline{)23}$$

◆整数÷整数の場合◆

商の
小数点

$$5\overline{)8}$$　8を8.0と
考える。　→　$$5\overline{)8.0}$$　0を追加

$$\dfrac{5}{3}$$　まだあまりが
ある。

$$\dfrac{5}{30}$$　30÷5を
計算する。

③
$$14\overline{)63}$$

④
$$24\overline{)18}$$

❷ わりきれるまで計算しましょう。　教下91ページ❼、⚠　　32点(1つ8)

①
$$5\overline{)1.4}$$

②
$$5\overline{)0.8}$$

③
$$25\overline{)63.5}$$

④
$$12\overline{)7.5}$$

⚠ミスに注意!
❸ 次の計算をして、商は四捨五入し、上から2けたのがい数で求めましょう。

教下91ページ❽、⚠　36点(1つ12)

①
$$3\overline{)17}$$

②
$$7\overline{)64.3}$$

③
$$52\overline{)89.6}$$

●小数のかけ算とわり算
⑬ 小数のかけ算とわり算を考えよう
3 小数の倍

答え **94**ページ

[何倍かを表すときにも、小数を使うことがあります。]

❶ 右の表は、4種類のえん筆の1本のねだんを表しています。
次の◻にあてはまる数を書きましょう。

📖教下92〜93ページ**❶**、94ページ**❷**　84点(①②④1だい18、③⑤1つ15)

えん筆1本のねだん

	ねだん（円）
エー A	90
ビー B	72
シー C	48
ディー D	60

① AのねだんはDのねだんの何倍ですか。

⑦ 90 ÷ ⑦ 60 = ⑨ ◻ (倍)
　　　　└── 1とみるほうの数でわる。

② BのねだんはDのねだんの何倍ですか。

⑦◻ ÷ ⑦◻ = ⑨◻ (倍)

③ 60円を1とみたとき、72円はいくつにあたりますか。

（　　　　　　）

④ CのねだんはDのねだんの何倍ですか。

⑦◻ ÷ ⑦◻ = ⑨◻ (倍)

⑤ 60円を1とみたとき、48円はいくつにあたりますか。

（　　　　　　）

〚よく読んで!〛

❷ 家で2ひきの犬をかっています。ポチの体重は24kgで、フランの体重は16kgです。ポチの体重はフランの体重の何倍ですか。

📖教下93ページ⚠　16点(式10・答え6)

式

答え（　　　　　　）

教科書 📖 **下92〜94ページ**

●小数のかけ算とわり算
⑬ **小数のかけ算とわり算を考えよう**

1 次の計算をしましょう。　　　　　　　　　　40点(1つ5)

①
```
    0.9
×   5
```

②
```
   4.03
×    2
```

③
```
   4.7
× 4 5
```

④
```
  0.345
×    26
```

⑤ 4) 7.6

⑥ 15) 3.45

⑦ 9) 6 1.2

⑧ 8) 0.464

2 わりきれるまで計算しましょう。　　　　　　20点(1つ10)

① 15) 8 3.7

② 4) 0.9

3 1日 23.5 L の石油を使う店があります。4週間(28日)では、どれだけ石油を使いますか。　　　　　　20点(式10・答え10)

式

答え (　　　　　　　　　　)

4 赤いテープの長さは 48 cm、青いテープの長さは 60 cm です。青いテープは、赤いテープの何倍の長さですか。　　　　　　20点(式10・答え10)

式

答え (　　　　　　　　　　)

教科書 下76〜97ページ

サクッと
こたえ
あわせ

答え 94ページ

● 直方体と立方体
⑭ **箱の形の特ちょうを調べよう**
１　直方体と立方体

1 次の問いに答えましょう。　📖教下103ページ❷

30点(1つ10)

① 直方体で、面あと形も大きさも同じ
面は、面あもいれていくつありますか。

（　　　　　　　　）

② 直方体で、辺いと長さが等しい辺は、
辺いもいれていくつありますか。

（　　　　　　　　）

③ 立方体で、辺うと長さが等しい辺は、辺うもいれていくつありますか。

（　　　　　　　　）

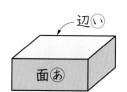

直方体　　　立方体

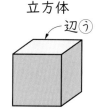

⚠ミスに注意!

2 右のような直方体の展開図をかきましょう。　📖教下104〜105ページ❸　25点

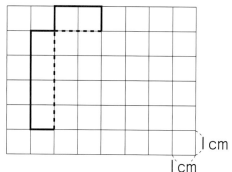

1cm
1cm

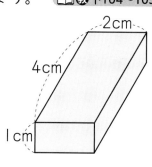

2cm
4cm
1cm

⚠ミスに注意!

3 右の直方体の展開図を組み立てます。　📖教下105ページ△　45点(1つ15)

① 点サと重なる点はどれですか。

（　　　　　　　　）

② 点オと重なる点はどれですか。

（　　　　　　　　）

③ 辺イウと重なる辺はどれですか。

（　　　　　　　　）

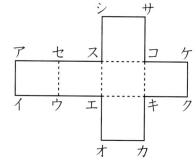

教科書 📖 下100〜105ページ

●直方体と立方体
⑭　**箱の形の特ちょうを調べよう**
２　面や辺の垂直、平行　　……（１）

答え **95** ページ

[直方体の面と面でも、垂直や平行の関係を考えることができます。]

❶ 右の直方体の図を見て、次の問いに答えましょう。　📖教下106〜107ページ**❶**

40点（1つ10）

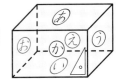

① となり合った面①と面⑤は、□であるといいます。
□にあてはまることばを書きましょう。（ 垂直 ）

② 向かい合った面②と面①は、□であるといいます。
□にあてはまることばを書きましょう。（ ）

③ 面⑤に垂直な面はいくつありますか。（ ）

④ 面⑤に平行な面はどれですか。（ ）

[直方体の辺と辺でも、垂直や平行の関係を考えることができます。]

❷ 右の直方体の図を見て、次の問いに答えましょう。あてはまる辺は全部答えましょう。　📖教下107ページ**❷**

60点（1つ10）

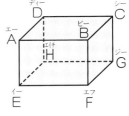

① 辺ＡＢと辺ＡＤは、どのように交わっていますか。
（ ）

② 辺ＡＢと辺ＤＣは、どのようにならんでいますか。
（ ）

③ 辺ＢＦに平行な辺はどれですか。（ ）

④ 頂点Ｂを通って、辺ＡＢに垂直な辺はどれですか。（ ）

⑤ 頂点Ｅを通って、辺ＥＡに垂直な辺はどれですか。（ ）

⑥ 平行な辺の組は何組ありますか。（ ）

教科書 📖 下106〜107ページ

●直方体と立方体
⑭ **箱の形の特ちょうを調べよう**
2　面や辺の垂直、平行　……(2)

答え **95**ページ

[直方体の面と辺でも、垂直や平行の関係を考えることができます。]

1 右の直方体を見て、次の問いに答えましょう。あてはまる面や辺は全部答えましょう。　📖教下108ページ❸

30点(1つ10)

① 面� に垂直な辺はどれですか。

（　　　　　　　　　　　）

② 辺ＡＢに垂直な面はどれですか。

（　　　　　　　　　　　）

③ 面⑥ に平行な辺はどれですか。

（　　　　　　　　　　　）

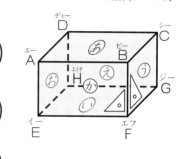

2 右の直方体の展開図を組み立てます。次の問いに答えましょう。あてはまる面は全部答えましょう。

📖教下108ページ⚠　30点(1つ10)

① 面⑤ に平行な面はどれですか。

（　　　　　　　　　　　）

② 面⑦ に垂直な面はどれですか。

（　　　　　　　　　　　）

③ 辺コキに垂直な面はどれですか。

（　　　　　　　　　　　）

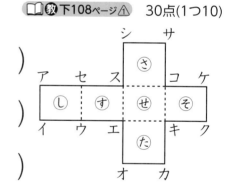

3 下の図の続きをかいて、見取図を完成させましょう。　📖教下109ページ❹

40点(1つ20)

① 立方体

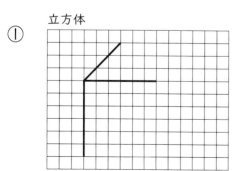

② 直方体

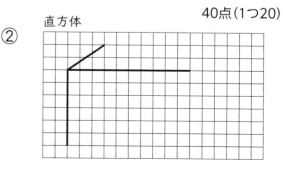

教科書 📖 下108〜109ページ

きほんの
ドリル
75。

●直方体と立方体
⑭ **箱の形の特ちょうを調べよう**
3 位置の表し方

時間 **15**分　合かく **80**点 ／100　月　日

サクッと
こたえ
あわせ
答え **95**ページ

[平面上の点の位置は、もとにする点を決めて、2つの長さの組で表すことができます。]

1 次の問いに答えましょう。　教下110ページ**1**　　60点(1つ20)

① 点Aをもとにして、点Bの位置を、横とたての長さで表しましょう。

（ 横2cm、たて3cm ）

② 点Aをもとにして、点Cの位置を、横とたての長さで表しましょう。

（　　　　　　　　　　　）

③ 点Aをもとにした点D(横1cm、たて3cm)を右の図の中にかきましょう。

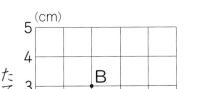

2 次の空間にある点の位置を表しましょう。　教下111ページ**2**　　20点(1つ10)

① 点Aをもとにして、点Bの位置を、横とたての長さと高さで表しましょう。

（　　　　　　　　　　　）

② 点Aをもとにして、点Cの位置を、横とたての長さと高さで表しましょう。

（　　　　　　　　　　　）

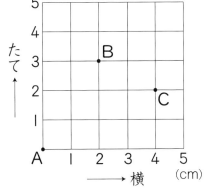

⚠️ミスに注意！

3 右の直方体で、頂点Eをもとにして、頂点Dの位置を表しましょう。

教下111ページ⚠️　20点

（　　　　　　　　　　　）

空間にある点の位置は、3つの長さの組で表すことができるよ！

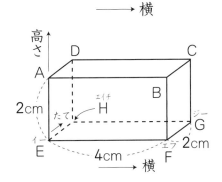

76. 大きい数のしくみ／折れ線グラフと表／わり算の筆算（1）／角の大きさ

1 0から9までの10この数字を使って、下の10けたの数をつくりました。
5027381649　　　　　　　　　　　　　　20点(1つ10)

① 0は、何の位の数字ですか。　　　　　　　（　　　　　　　　　　）

② 5は、何が5こあることを表していますか。（　　　　　　　　　　）

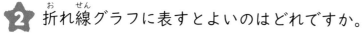

2 折れ線グラフに表すとよいのはどれですか。　　　　　　　　6点

㋐ ある日の午後2時のいろいろな場所の気温

㋑ 晴れの日、くもりの日、雨の日の1年間の日数

㋒ 2か月間毎日調べた自分の体重

㋓ 1か月間にお店に来た客の男女の数　　　　　（　　　　　　　　）

3 次の計算を、商は一の位まで求め、あまりも出しましょう。　64点(1つ8)

① 3)48　　② 5)90　　③ 4)79　　④ 7)96

⑤ 4)528　　⑥ 3)612　　⑦ 5)729　　⑧ 6)652

4 1組の三角じょうぎを組み合わせてできる
㋐の角度は何度ですか。　　10点

（　　　　　　　　）

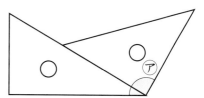

小数のしくみ／わり算の筆算（2）／計算のきまり

⚠ミスに注意！

1 ア〜エのめもりが表す小数を書きましょう。　　20点（1つ5）

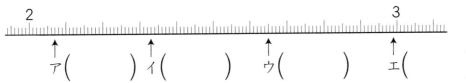

ア（　　　　）イ（　　　　）ウ（　　　　）エ（　　　　）

2 次の計算をしましょう。　　40点（1つ5）

① $31\overline{)93}$　② $18\overline{)82}$　③ $23\overline{)78}$　④ $13\overline{)96}$

⑤ $27\overline{)149}$　⑥ $49\overline{)361}$　⑦ $119\overline{)407}$　⑧ $400\overline{)6300}$

3 次の計算をしましょう。　　24点（1つ8）

① $65-15\times3$

② $56+14\div2$

③ $3\times(15-6)-7$

4 くふうして計算しましょう。　　16点（1つ8）

① 98×7

② $3.9+2.6+1.1$

時間 15分　合かく 80点 ／100　月　日

答え 96ページ

分数／面積のくらべ方と表し方／小数のかけ算とわり算／直方体と立方体

1 次の計算をしましょう。　20点(1つ5)

① $\dfrac{4}{6}+\dfrac{3}{6}$　　② $1\dfrac{3}{5}+2\dfrac{4}{5}$　　③ $\dfrac{12}{7}-\dfrac{3}{7}$　　④ $3\dfrac{2}{5}-1\dfrac{4}{5}$

2 右の図のような形の面積を求めます。　40点(1つ10)

① 面積の求め方を下の㋐、㋑、㋒のように考えました。それぞれの考え方にあてはまる式を、次の㋐、㋑、㋒から選んで、記号で答えましょう。

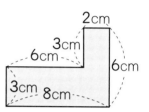

㋐ $6×8-3×6$　　㋑ $3×6+6×2$　　㋒ $3×2+3×8$

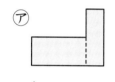 ㋐　　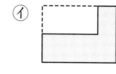 ㋑　　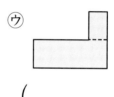 ㋒

㋐ (　　　　　)　㋑ (　　　　　)　㋒ (　　　　　)

② 面積を求めましょう。　(　　　　　　　)

3 次の計算をしましょう。わり算は、わりきれるまでしましょう。　20点(1つ5)

① $18.6×27$　② $0.65×58$　③ $54÷24$　④ $14.7÷6$

4 右の図は直方体です。　20点(1つ5)

① 面、辺、頂点の数はいくつですか。

面(　　　　　) 辺(　　　　　)

頂点(　　　　　)

② 面㋐に垂直な面はいくつありますか。

(　　　　　　　)

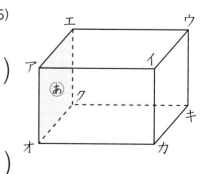

●ドリルやテストが終わったら、うしろの
「がんばり表」に色をぬりましょう。
●まちがえたら、必ずやり直しましょう。
「考え方」も読み直しましょう。

1. ① 大きい数のしくみ 1ページ

❶ ①十億、1000000000
　②10、100000000000
　③千億、1000000000000
　④十兆、百兆
　⑤51、32

❷ ①二千五十七億三千六百万四百五十
　②五千七十三兆四十億千三百七十一万三十八
　③四十兆七百億八千四百十三万
　④百二十三兆四千五百六十七億九百

❸ ①1049970350006
　②54060550082000
　③4500047000008
　④708830010000511

❹ ①5344430700800000
　②350こ

考え方 ❶ 数のしくみは下のようになります。

千百十一	千百十一	千百十一	千百十一
兆	億	万	の位

10倍〃〃〃〃〃〃〃〃〃〃〃〃〃〃10倍

❷ 右から4けたごとに区切ると読みやすくなります。
　①2057|3600|0450
　　　億　　万

❹ ①534兆4307億80万になります。
　②1000億が10こで1兆、100こで10兆になるから、35兆は1000億が350こ集まった数です。

2. ① 大きい数のしくみ 2ページ

❶ ①10億
　②ア90億　　イ160億　　ウ210億

③下図

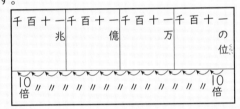

| 0 | | 100億 | | 200億 | | 300億 |

↑60億　↑120億　　　　↑270億

❷ ①ア60兆　　　　　イ110兆
　②ア7000億　　　イ1兆1000億
　③ア9600億　　　イ1兆800億
　　ウ1兆1400億

❸ ア390億　　イ460億　　ウ530億

考え方 ❶ ①100億を10等分した1つが1めもりなので、1めもりは10億です。
❷ 1めもりがいくつを表すかを考えます。
　①1めもりは10兆です。
　②1めもりは1000億です。
　③9000億と1兆の間を10等分した1つが1めもりなので、1めもりは100億です。
❸ 1めもりが10億なので、アは300億より90億大きい数です。

3. ① 大きい数のしくみ 3ページ

❶ ①1兆　　　　　②10
　③1　　　　　　④1

❷ ①10倍…900億　　$\frac{1}{10}$…9億
　②10倍…7兆　　　$\frac{1}{10}$…700億
　③10倍…80兆　　$\frac{1}{10}$…8000億

❸ (1)①98765432　　②10234567
　　③80123456
　(2)①99999999　　②10000000

考え方 ❸ いちばん大きい位には、0は使えません。(1)③8000万に近い数のうち80123456と79865432を考え、8000万との差の小さいほうを答えます。

❶ ① 　　 3 5 6　　② 　　 8 7 3
　　　×1 3 8　　　　　×3 0 5
　　　2 8 4 8　　　　4 3 6 5
　　　1 0 6 8　　　　2 6 1 9
　　　3 5 6　　　　　2 6 6 2 6 5
　　　4 9 1 2 8

❷ ㋐1000　　　㋑100　　　㋒1000
　　㋓100　　　㋔100000
　　㋕2322　　　㋖232200000

❸ ①462324　　　②74480
　　③3948000

考え方 ❸ ③終わりに0のある数のかけ算
は、0を省いて計算し、その答えの右に、
省いた0の数だけ0をつけます。

❶ ①30050700030008
　　②405010078090
　　③27000540000000
　　④45000000000
　　⑤40000000000

❷ ①㋐500億　㋑1300億　㋒1600億
　　②㋐750億　㋒1300億

❸ ①102345678　　②876543210

❹ ①105985　　　②190637
　　③5073000

考え方 ❶ ③1000万を54こでは5億
4000万になります。
④10倍すると位が1けた上がります。
❷ ②1めもりが50億になります。

❶ ①時こく　　②1度　　③13度
　　④午前8時と午後10時　　⑤11度

❷ ①(ア)、(オ)　　②(イ)、(エ)
　　③(ウ)　　④(エ)　　⑤(オ)

考え方 ❶ ⑤最高気温は19度、最低気温
は8度なので、19－8＝11(度)です。

❶ ①～④下の図

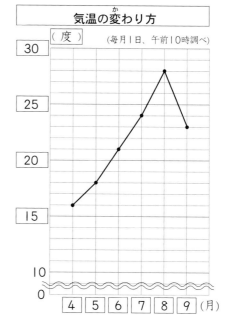

気温の変わり方
（度）　　　（毎月1日、午前10時調べ）
30
25
20
15
10
0
4 5 6 7 8 9 （月）

⑤8月と9月の間

考え方 ②いちばん高い気温が表せるように
めもりが表す数を書きます。

❶ ①㋐7　㋑33　㋒5　㋓32　㋔11
　　㋕10　㋖8　㋗36　㋘27
　　②西町
　　③東町

❷ ①にんじんは好きで、ピーマンはきらいな人
　　②㋐5　㋑12　㋒13　㋓25　㋔27
　　③18人　④13人　⑤12人

考え方 求める順を考えましょう。
❶ ①㋐→㋑→㋓→㋒→㋖→㋔→㋕→㋗→㋘
　の順に求めてみましょう。
❷ ②㋐→㋓→㋒→㋑→㋔の順で求めます。

❶ ①9、30　　　　②8、400

❷ ①30　②70　③30　④40
　　⑤60　⑥40

❸ ①100　②700　③500　④600

❹ 式　480÷6＝80　　　答え　80まい

10. ③ わり算の筆算（1）

❶ ①50、10
②50、45、45、45、9
③10、9、19

❷ ①16　②15　③13　④14
⑤12　⑥28　⑦23　⑧16

❸ 式　96÷8＝12
　　　　　　　　答え　12ページ

考え方 ❷ 十の位から順に計算します。

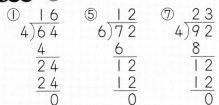

11. ③ わり算の筆算（1）

❶ ①1
②20、1、わる数、あまり、わられる数

❷ ①15あまり5　　②17あまり2
③14あまり1　　④12あまり1
⑤24あまり2　　⑥24あまり2
⑦38あまり1　　⑧13あまり2

❸ 式　70÷6＝11あまり4
　　　答え　11こずつ入って、4こあまる。

考え方 ❷ 十の位から順に計算します。

```
①   15       ⑤   24       ⑦   38
  6)95        4)98        2)77
    6           8           6
   35          18          17
   30          16          16
    5           2           1
```

12. ③ わり算の筆算（1）

❶ ①11あまり2　　②42あまり1
③10あまり3　　④30

❷ 式　43÷4＝10あまり3
　　答え　1人分は10まいで、3まいあまる。

❸ ①178あまり3　　②136
③120　　　　　④209あまり1

13. ③ わり算の筆算（1）

❶ ①84あまり3　　②67あまり4
③45あまり5　　④65
⑤72　　　　　⑥39
⑦93あまり1　　⑧61あまり1
⑨81　　　　　⑩70あまり2
⑪50あまり1　　⑫80

❷ 式　350÷6＝58あまり2
　　答え　1人分は58まいで、2まいあまる。

14. ③ わり算の筆算（1）

❶ ⑦60　　④60　　⑦20　　②24

❷ ⑦24　　④240

❸ ①41　②23　③28　④12
⑤12　⑥16　⑦15　⑧240
⑨310　⑩130　⑪240　⑫230
⑬140　⑭120

15. ③ わり算の筆算（1）

❶ ①15　　　　　②114
③140あまり6　　④105あまり2

❷ 式　100÷3＝33あまり1
　　答え　1人分は33cmで、1cmあまる。

❸ 式　288÷9＝32　　　答え　32倍

❹ ①13　　②460

考え方 ❹ ①78を60と18に分けます。

16. ④ 角の大きさ

❶ ①90、1°　②2　　③4、360

❷ ①50°　　②35°　　③110°

❸ ①180、50　②50、130
③180、50

考え方 ❷ 分度器の中心を角の頂点に合わせて、めもりは、0°の線を合わせたほうのめもりをよみます。

17. ④ 角の大きさ

1 ①180、い(35 でもよい。)
　②360、360、う(145 でもよい。)

2 ①205°　　②345°　　③245°

考え方 **1** **2** 180°より大きい角度のはかり方は、180°にたす方法と、360°からひく方法の2通りあります。

2 ①180+25＝205
　　360−155＝205
　②180+165＝345
　　360−15＝345
　③180+65＝245
　　360−115＝245

18. ④ 角の大きさ

1 ①6　　②ア、65　③イ、45　④ウ

2 ①

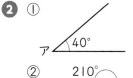

ア 40°

②
210°
イ

3 ア

4 ①⑦45　　④45　　⑦90
　②エ30　　オ60　　カ90

19. ⑤ 小数のしくみ

1 ①3こ　②6こ　③8こ　④20こ

2 2.9　　　3　　　3.1(m)

| 2.91 | 2.99 | 3.05 | 3.11 |

3 ①1、0.01、1
　②6.205

4 7.26　　7.27　　7.28　(m)

| 7.262 | 7.267 | 7.271 | | 7.282 |

5 ①2.783 kg　　②4.02 kg
　③0.826 kg　　④0.015 kg

考え方 0.1、0.01 がそれぞれ何こあるか考えていきます。10こ集まると、位が1つ上になります。

2 めもりが10こで0.1を表しているので、1めもりは、0.01を表しています。

4 10めもりで0.01を表しているので、1めもりは、0.001を表します。

20. ⑤ 小数のしくみ

1 ①あ3　　い1　　う0　　え5
　②$\frac{1}{100}$の位…9、$\frac{1}{1000}$の位…6

2 ①<　②<

3 0.16…10倍…1.6、100倍…16、
　　　$\frac{1}{10}$…0.016
　　1.3…10倍…13、$\frac{1}{10}$…0.13、
　　　$\frac{1}{100}$…0.013

4 ①7　　　②35　　　③290

考え方 **3** どの数も、10倍すると、位が1つ上がり、$\frac{1}{10}$にすると、位が1つ下がります。

21. ⑤ 小数のしくみ

1 ①8.19　②5.37　③7.14　④19.21
　⑤1.15　⑥6.396　⑦8.646　⑧6.089

2 ①16　　②0.6　　③22

3 ①9.63　②4.065　③12.98

考え方 位をそろえて書き、整数と同じように計算します。

1 ③ 　2.49
　　 ＋4.65
　　 ─────
　　　7.14

2 ② 　0.063
　　 ＋0.537
　　 ─────
　　 0.6̶0̶0̶←0は消す。

3 ③ 　3.00←3は3.00で計算する。
　　 ＋9.98
　　 ─────
　　 12.98

22. ⑤ 小数のしくみ　22ページ

❶ ①2.89　　②4.2　　③2.483
❷ ①3.13　　②5.783　③0.83
　④0.011　⑤2.53　　⑥0.927
❸ ①0.63　　②0.03　　③0.01
　④263

考え方 位をそろえて書き、整数と同じよう
に計算し、小数点の前に数がないときは、
0をつけます。

❶ ① 　7.84　　② 　5.01
　　 −4.95　　　 −0.81　┐答えには0
　　 ──────　　　 ──────　│は書かない。
　　 　2.89　　　　 4.2̶0 ←┘

❷ ③ 　2.30 ← 2.30 で計算する。
　　 −1.47
　　 ──────
　　 　0.83
　 ⑤ 　9.00 ← 9.00 で計算する。
　　 −6.47
　　 ──────
　　 　2.53

23. ⑤ 小数のしくみ　23ページ

❶

4.2　　　　　4.25　　　　　4.3
　　　　　　　 ↑　　 ↑　　 ↑
　　　　　　　 ① 　 ⑦ 　 ⑨

❷ ①3.12　　　　　②2.305
❸ ＞
❹ ①6.81　　　　　②2.89
　③10倍…3.7、100倍…37、
　　$\frac{1}{10}$…0.037
❺ ①5.87　　②0.7　　③25.23
　④1.11　　⑤5.72　　⑥4.909
　⑦9.07

おうちのかたへ 小数も整数と同じように、10倍す
ると位が1けた上がり、$\frac{1}{10}$ にすると位が
1けた下がることを、覚えておきましょう。
また、たし算やひき算では、小数点をそろ
えて(位をそろえて)計算します。

24. そろばん　24ページ

❶ ①
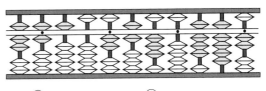
　②
　③　　　　　　④

❷ ①7.49　　②11.4　　③7.13
　④1.2　　⑤18万　　⑥6億

25. 大きい数のしくみ／折れ線グラフと表　25ページ

⭐ ①8200000000000
　②5600000000000
⭐ ①182328　②1395000
⭐ ①126cm　②1年生と2年生の間
　③1年生
⭐ ⑦4　④8　⑨12　㋪23　㋘19

考え方 ⭐ たてのじくのめもりは、10cm
が5等分されているので、1めもりは
10÷5=2(cm)です。
③2人の点と点の間かくがいちばん大きい
ときだから、1年生のときです。

26. わり算の筆算(1)／角の大きさ　26ページ

⭐ ①90　　　②80
　③12　　　④11あまり2
　⑤122　　⑥26あまり2
⭐ 式　720÷3=240　　　答え　240円
⭐ ①　　　　　　②255°
　　　　45°
⭐ ①55°　　②115°　　③325°

83

⭐1 ⑦4.406 m　④4.43 m
⑦4.462 m　⑤4.499 m

⭐2 ①5.329　　　　②0.936

⭐3 ①>　　　　　②<

⭐4 ①10.33　②2　　　③42.75
④2.65　　⑤6.44　　⑥1.24

❶ ⑦6　　④3　　⑦6　　⑤3
⑦6　　⑦3　　⑦2　　⑦2

❷ ①4　②3　③3　④8　⑤6

❸ ①2あまり10　　②1あまり30
③3あまり50　　④8あまり30
⑤9あまり20

考え方 ❸ 10をもとにして計算するとき
は、あまりに気をつけましょう。例えば、
70÷30＝2あまり1 としがちです。

❶ ①3　　　　けん算…32×3＝96
②2　　　　けん算…18×2＝36
③2あまり5　けん算…24×2+5＝53
④4あまり3　けん算…11×4+3＝47

❷ ①2あまり16　　②2あまり31
③3あまり15　　④3あまり6
⑤3　　　　　　⑥2あまり1
⑦3あまり9　　⑧2あまり5

❸ 式　90÷36＝2あまり18
　　答え　1人分は2こで、18こあまる。

考え方 ❶ ①96÷30と考えて、商の見
当をつけます。
③53÷20と考えて、商の見当をつけます。
❷ かりの商が大きすぎたときは、商を小さ
くしていきます。かりの商が小さすぎたと
きは、商を大きくしていきます。
①わる数の23を20とみて、商の見当を
つけます。
⑤わる数の29を30とみて、商の見当を
つけます。

❶ ①6あまり17　　②6あまり8
③4あまり28　　④7あまり9
⑤9あまり2　　　⑥8あまり8
⑦5あまり15　　⑧6あまり26
⑨6あまり22　　⑩5あまり34
⑪6　　　　　　　⑫8

❷ 0、1、2、3

❸ 式　137÷25＝5あまり12
　　答え　1人分は5ひきで、12ひきあまる。

考え方 ❶ ⑤200÷23と考えて、商の
見当をつけます。
❷ 7□3が74の10倍の740より小さ
いとき、商が10より小さくなります。

❶ ①35あまり12　　②21あまり38
③18あまり19　　④21あまり23
⑤13あまり23　　⑥19あまり10
⑦31　　　　　　⑧19

❷ 式　486÷18＝27
　　　　　　　　答え　27ふくろ

考え方 ❶ 商は十の位からたちます。

②
```
      21
  45)983
     90
     83
     45
     38
```
⑦
```
      31
  29)899
     87
     29
     29
      0
```

❶ ①20あまり14　　②30あまり25
③30あまり6　　　④20あまり21
⑤50

❷ ①3　　　　　　②2あまり176
③5あまり59　　④2あまり142
⑤2あまり23

考え方 ① 商の一の位に0のたつわり算は、かんたんに計算することができます。

```
  ②      30         ⑤      50
    28)865           17)850
       84               85
       25                0
```

② 2 かりの商をたてて、商の見当をつけます。
①わる数の125を100とみて、かりの商をたてます。同じように、②では276を300、④では361を400とみて、かりの商をたてます。

---

33. ⑥ **わり算の筆算（2）** 33ページ

1 ①㋐450　　①9　　㋒9
　　②㋐7　　①5　　㋒7

2 ①2　　②12

3 ①80　　②6　　③53

4 ①15あまり30　　②5あまり300
　　③8あまり200

考え方 ③ わる数の0とわられる数の0を、同じ数だけ消してから計算します。

```
  ②        6          ③          53
   600)3600            800)42400
        36                  40
         0                  24
                            24
                             0
```

④ 0を消したわり算で、あまりがあるときは、消した0の数だけあまりに0をつけます。

```
  ②        5
   700)3800
        35
        300 ←あまりは300
```

---

34. ⑥ **わり算の筆算（2）** 34ページ

1 7、8、9

2 ①2あまり23　　②3あまり14
　　③3あまり15　　④7あまり30
　　⑤4あまり19　　⑥16
　　⑦2あまり133　　⑧41あまり20

3 式　228÷12=19　　答え　19箱

4 式　29×13+16=393
　　　　　　　　　　　　答え　393

考え方 ① わられる数の上から2けたの数□8が、わる数78と同じか、78より大きいとき、商が十の位からたちます。

4 「わる数×商＋あまり＝わられる数」の関係を使います。けん算のやり方と同じです。

> **おうちのかたへ** わり算では、あまりは必ずわる数よりも小さくなります。商のたて方を間違えて、あまりがわる数よりも大きいまま計算を終えないようにしましょう。

---

35. **倍の見方** 35ページ

1 5

2 式　160×6=960
　　　　　　　　　　　　答え　960円

3 式　□×3=69
　　　　□=69÷3=23
　　　　　　　　　　　　答え　23まい

4 式　A町　90÷30=3（倍）
　　　　B町　120÷60=2（倍）
　　　　　　　　　　　　答え　A町

考え方 4 どちらも60人ふえていますが、ここでは倍を使ってくらべます。

---

36. ⑦ **がい数の表し方と使い方** 36ページ

1 ①0、1、2、3、4
　　②5、6、7、8、9

2 ①一万の位…540000、千の位…538000
　　②一万の位…230000、千の位…235000
　　③一万の位…50000、千の位…46000

3 ㋐千　①60000　㋒百　㋔64000

4 ①1けた…100000、2けた…150000
　　②1けた…900000、2けた…890000
　　③1けた…50000、2けた…50000

考え方 2 一万の位までのがい数で表すときは、千の位を四捨五入します。また、千の位までのがい数で表すときは、百の位を四捨五入します。

❶ ①⑦405　　①414　　⑦415
　　工424　　闭395　　⑦404
　②④以上（いじょう）　⑦未満（みまん）

❷ ⑦、①、闭

❸ いちばん小さい数…55、
　いちばん大きい数…64

考え方 ❷ 四捨五入（ししゃごにゅう）して十の位（くらい）までのがい数にすると、480になる整数は、475から484までです。

❶ 式　$1000-(400+200)=400$
　　　　答え　およそ400円

❷ ①630 → 600、28 → 30
　②式　$600×30=18000$
　　　　答え　およそ18000円

❸ ①31360 → 30000、32 → 30
　②式　$30000÷30=1000$
　　　　答え　およそ1000円

考え方 ❶ 百の位までのがい数にするときは、十の位を四捨五入します。
$378 → 400$　　　$215 → 200$

❶ 式　$1000-(350+240)=410$
　　　　答え　410円

❷ ①式　$(15+20)×6=210$
　　　　答え　210円
　②式　$700÷(15+20)=20$
　　　　答え　20組

❸ ①700　　②1060　　③1280
　④615　　⑤5　　　⑥3

考え方 ❸ （ ）の中を先に計算します。
②$620+(570-130)=620+440$
③$(43+37)×16=80×16$
④$41×(52-37)=41×15$
⑤$(300-75)÷45=225÷45$
⑥$180÷(24+36)=180÷60$

❶ 式　$1000-140×6=160$
　　　　　　　　答え　160円

❷ ①117　②380　③500　④79

❸ ①100、100、43、143
　②9、63、1
　③24、8、69

❹ ①50　　②8

考え方 ❶ 式の中のかけ算は、ひとまとまりの数とみて、（ ）を省（はぶ）いて書きます。
$1000-(140×6)$
　→ $1000-140×6$

❷ ×や÷は、＋や－より先に計算します。
①$9+6×18=9+108=117$
②$450-350÷5=450-70=380$
これを　$450-350÷5=100÷5=20$
としてはいけません。
③$800-12×25=800-300=500$
④$72+28÷4=72+7=79$
これを　$72+28÷4=100÷4=25$
としてはいけません。

❹ ①$2×24+12÷6=48+2=50$
②$2×(24-16)÷2=2×8÷2$
　　$=16÷2=8$

❶ ①3、15、3
　②100、100、1

❷ ①525　　②272

❸ ①89　　②168　　③18.7
　④3300　⑤260　　⑥19000

❹ ①⑦12　　①120
　②⑦100　①1200

考え方 ① （　）を使った式の計算のきまり

$$(■＋●)×▲＝■×▲＋●×▲$$
$$(■－●)×▲＝■×▲－●×▲$$

にあてはめて考えます。

② ①$105×5＝(100＋5)×5$
　　$＝100×5＋5×5＝500＋25＝525$
　②$68×4＝(70－2)×4$
　　$＝70×4－2×4＝280－8＝272$

③ 次のように計算します。
　①$39＋13＋37＝39＋(13＋37)$
　②$26＋68＋74＝68＋26＋74$
　　$＝68＋(26＋74)$
　③$8.7＋3.6＋6.4＝8.7＋(3.6＋6.4)$
　⑤$5×13×4＝5×4×13$
　　$＝(5×4)×13$
　④、⑥$4×25＝100$、$8×125＝1000$
を使って計算します。

42. ⑨ 垂直、平行と四角形 42ページ

① ①垂直　　②イ
② （イ）、（オ）、（キ）、（ク）
③ ①

　②（例）

考え方 ③ 垂直な直線は、三角じょうぎの直角を利用してかきます。

43. ⑨ 垂直、平行と四角形 43ページ

① ①平行　　②ウ
② （ア）と（カ）、（イ）と（エ）
③ ①あ140　　い140　　う40　　え40
　②お70　　か70　　き70　　く70

考え方 ③ 次のことから角度を求めます。
・うとえの角度は等しい。
・いとあの角度は等しい。
・くときの角度は等しい。
・おとかの角度は等しい。

44. ⑨ 垂直、平行と四角形 44ページ

①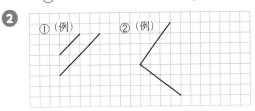

②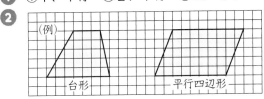

③ ①アとイ、ウとオ、エとオ、アとカ
　②イとカ、ウとエ

考え方 ① ①平行な直線は、右のように、三角じょうぎをすべらせてかきます。

45. ⑨ 垂直、平行と四角形 45ページ

① ①１、平行　　②２、平行　　③辺、等しい
②
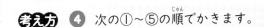

③ ①あ70　　い5　　②う100　　え6
④

考え方 ④ 次の①～⑤の順でかきます。
　①3cmの辺をひく。
　②分度器で50°をとり、線をひく。
　③②の線を2cmで区切る。
　④⑤ それぞれ①、③に平行な辺をひく。

1 ①等しい ②平行、角

2 ①あ110 い4 う70
　②え100 お5 か80

3 (例)
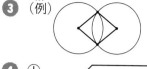

4 ①
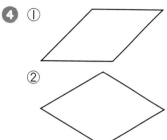
　②

考え方 3 円の中心と、2つの円が交わる点を結ぶと、4つの辺が円の半径で長さが等しくなるから、ひし形がかけます。

4 コンパスで辺の長さをとって、残りの頂点を決めます。ひし形は、4つの辺の長さが等しいこと、向かい合う2組の辺が平行であることのどちらかを利用して、かくことができます。

1 対角線、2

2

	①正方形	②長方形	③台形	④平行四辺形	⑤ひし形
2本の対角線の長さが等しい	○	○	×	×	×
2本の対角線が垂直である	○	×	×	×	○
2本の対角線がそれぞれの真ん中の点で交わる	○	○	×	○	○

3 ①長方形 ②平行四辺形 ③正方形
　④ひし形

考え方 2 どんなときでも、その特ちょうをもつときに○をつけましょう。

3 対角線のはしを結んで四角形をかいて考えましょう。

1 ①あ60 い120 ②う70
　③え8 お105 ④か6

2 ① ②

3 あ長方形 いひし形 う平行四辺形
　え正方形

考え方 1 ④長方形の2本の対角線の長さは等しく、かは対角線の長さの半分です。

2 ①平行四辺形の残る2辺は、2つの三角じょうぎで平行な直線をかきます。
②長方形の角は、すべて90°です。
90°の角は三角じょうぎを使ってかきます。

1 ⑦ $\frac{1}{5}$　① $\frac{3}{5}$　⑦ $\frac{6}{5}$、$1\frac{1}{5}$
　① $\frac{9}{5}$、$1\frac{4}{5}$　② $\frac{12}{5}$、$2\frac{2}{5}$

2 ①$2\frac{2}{3}$ ②4 ③$5\frac{3}{8}$ ④8
　⑤$4\frac{1}{2}$ ⑥$7\frac{3}{7}$

3 ①$\frac{9}{8}$ ②$\frac{11}{4}$ ③$\frac{24}{7}$ ④$\frac{29}{6}$
　⑤$\frac{37}{7}$ ⑥$\frac{44}{9}$

4 ①> ②< ③<

考え方 2 ①8÷3＝2あまり2 だから、
$$\frac{8}{3}=2\frac{2}{3}$$

3 ①1×8＋1＝9 だから、$1\frac{1}{8}=\frac{9}{8}$

4 仮分数になおしてくらべます。
①$1\frac{3}{7}=\frac{10}{7}$ ②$2\frac{3}{8}=\frac{19}{8}$ ③$3\frac{5}{6}=\frac{23}{6}$

❶ ① $\dfrac{2}{6}$、$\dfrac{3}{9}$　　② $\dfrac{2}{3}$　　③ $\dfrac{5}{6}$

❷ ①＞　　②＜

❸ $\dfrac{2}{6}$、$\dfrac{2}{5}$、$\dfrac{2}{4}$、$\dfrac{2}{3}$

考え方 ❷❸分子が同じ分数では、分母が大きいほど小さい分数になります。

❶ ①1、2、3　　②2、3、$\dfrac{5}{6}$

③3、1、2　　④5、2、$\dfrac{3}{7}$

❷ ① $\dfrac{2}{3}$　　② $\dfrac{5}{4}\left(1\dfrac{1}{4}\right)$

③ $\dfrac{3}{5}$　　④ $\dfrac{5}{6}$

⑤1　　⑥1

⑦ $\dfrac{1}{4}$　　⑧ $\dfrac{3}{7}$

⑨ $\dfrac{5}{9}$　　⑩1

⑪ $\dfrac{6}{5}\left(1\dfrac{1}{5}\right)$　　⑫2

考え方 ❷分母が同じ分数のたし算では、分子だけをたして、分母はそのままにします。

　ひき算では、分子だけをひいて、分母はそのままにします。

③ $\dfrac{1}{5}+\dfrac{2}{5}=\dfrac{3}{5}$　←分子のたし算　1＋2＝3　←分母はそのまま

⑤ $\dfrac{4}{7}+\dfrac{3}{7}=\dfrac{7}{7}=1$

⑦ $\dfrac{2}{4}-\dfrac{1}{4}=\dfrac{1}{4}$　←分子のひき算　2−1＝1　←分母はそのまま

⑩ $\dfrac{5}{3}-\dfrac{2}{3}=\dfrac{3}{3}=1$

⑫ $\dfrac{13}{6}-\dfrac{1}{6}=\dfrac{12}{6}=2$

❶ ①あ5　　①13、10、$\dfrac{23}{6}$

②あ6、$\dfrac{3}{5}$　　①11、8、$\dfrac{3}{5}$

❷ ①1 $\dfrac{4}{7}\left(\dfrac{11}{7}\right)$　　②2 $\dfrac{3}{4}\left(\dfrac{11}{4}\right)$

③5 $\dfrac{5}{7}\left(\dfrac{40}{7}\right)$　　④3 $\dfrac{5}{6}\left(\dfrac{23}{6}\right)$

⑤6 $\dfrac{1}{8}\left(\dfrac{49}{8}\right)$　　⑥2

⑦2 $\dfrac{1}{3}\left(\dfrac{7}{3}\right)$　　⑧1 $\dfrac{2}{9}\left(\dfrac{11}{9}\right)$

⑨2 $\dfrac{5}{7}\left(\dfrac{19}{7}\right)$　　⑩ $\dfrac{2}{3}$

⑪ $\dfrac{2}{5}$　　⑫2 $\dfrac{4}{7}\left(\dfrac{18}{7}\right)$

考え方 ❷帯分数のたし算は、整数部分と分数部分に分けるしかたと、仮分数になおして計算するしかたがあります。

ひき算は、くり下げた1を分数になおして計算するしかたと、仮分数になおして計算するしかたがあります。

① $1\dfrac{1}{7}+\dfrac{3}{7}=1+\dfrac{4}{7}=1\dfrac{4}{7}$

$1\dfrac{1}{7}+\dfrac{3}{7}=\dfrac{8}{7}+\dfrac{3}{7}=\dfrac{11}{7}$

⑤ $3\dfrac{3}{8}+2\dfrac{6}{8}=5\dfrac{9}{8}=6\dfrac{1}{8}$

⑥ $1\dfrac{3}{7}+\dfrac{4}{7}=1\dfrac{7}{7}=2$

⑩ $1\dfrac{1}{3}-\dfrac{2}{3}=\dfrac{4}{3}-\dfrac{2}{3}=\dfrac{2}{3}$

⑪ $3\dfrac{1}{5}-2\dfrac{4}{5}=2\dfrac{6}{5}-2\dfrac{4}{5}=\dfrac{2}{5}$

$3\dfrac{1}{5}-2\dfrac{4}{5}=\dfrac{16}{5}-\dfrac{14}{5}=\dfrac{2}{5}$

⑫ $3-\dfrac{3}{7}=2\dfrac{7}{7}-\dfrac{3}{7}=2\dfrac{4}{7}$

$3-\dfrac{3}{7}=\dfrac{21}{7}-\dfrac{3}{7}=\dfrac{18}{7}$

53. ⑩ 分数

1 ①ア… $\frac{7}{5}$、$1\frac{2}{5}$　　　イ… $\frac{16}{5}$、$3\frac{1}{5}$

　　ウ… $\frac{19}{5}$、$3\frac{4}{5}$

②下図

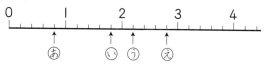

2 ① $\frac{18}{7}$、$2\frac{3}{7}$、$\frac{15}{7}$　　② $2\frac{1}{6}$、$\frac{9}{6}$、$1\frac{2}{6}$

3 ①<　　②>　　③=

4 ① $\frac{6}{7}$　　②6　　③ $1\frac{5}{8}\left(\frac{13}{8}\right)$

　④ $\frac{8}{9}$　　⑤ $\frac{3}{8}$　　⑥ $3\frac{7}{9}\left(\frac{34}{9}\right)$

考え方 **2**、**3** 帯分数と仮分数の大小をく
らべるときには、帯分数を仮分数になおす
か、または、仮分数を帯分数になおします。

4 ② $2\frac{1}{3}+3\frac{2}{3}=5\frac{3}{3}=6$

　⑤ $1-\frac{5}{8}=\frac{8}{8}-\frac{5}{8}=\frac{3}{8}$

　⑥ $4\frac{2}{9}-\frac{4}{9}=3\frac{11}{9}-\frac{4}{9}=3\frac{7}{9}$

　$4\frac{2}{9}-\frac{4}{9}=\frac{38}{9}-\frac{4}{9}=\frac{34}{9}$

54. ⑪ 変わり方調べ

1 ①14、13、12、11、10、9
②□+○=15(15−□=○)
③1まいずつへっていく。

2 ①2、3、4、5、6、7
②□+1=○
③16こ

55. ⑪ 変わり方調べ

1 ①3、6、9、12、15
②あ3　　い3
③式　35×3=105　　答え　105cm
④□×3=○
⑤式　18×3=54　　答え　54cm

56. わり算の筆算(2)／がい数の表し方と 使い方／計算のきまり

1 ①2あまり10　　②11あまり27
③16あまり100　　④2あまり83

2 式　460÷12=38あまり4
　　　答え　38人に配れて、4本あまる。

3 いちばん小さい数…18500、
　いちばん大きい数…19499

4 イ

5 式　850÷(120+50)=5　答え　5組

考え方 **1**

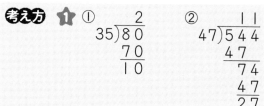

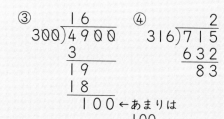

57. 垂直、平行と四角形／分数／ 変わり方調べ

1 ①辺ＡＤ　　②辺ＡＥと辺ＤＦ

2 ①あ70　　い110
②う3　　え5　　お90

3 ①4　　② $\frac{8}{9}$　　③ $1\frac{2}{7}\left(\frac{9}{7}\right)$

4 ①37、36、35、34、33、32
②□+○=38(38−□=○)
③25こ

考え方 **3** ② $1\frac{4}{9}-\frac{5}{9}=\frac{13}{9}-\frac{5}{9}=\frac{8}{9}$

③ $2-\frac{5}{7}=1\frac{7}{7}-\frac{5}{7}=1\frac{2}{7}$

58. ⑫ 面積のくらべ方と表し方 58ページ

❶ 面積、1、1 cm²、20、20 cm²

❷ ①1 cm²　　②2 cm²　　③3 cm²

❸ 下図

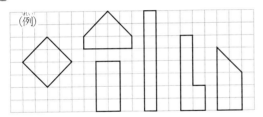

考え方 ❷ 下の図のように考えると、

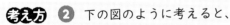

1辺が1cmの正方形が、

①1こ　　②2こ　　③3こ

❸ 小さな□が8こ分あるような形をかけばよい。

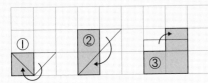

59. ⑫ 面積のくらべ方と表し方 59ページ

❶ ①たて、横

②1辺、1辺

❷ ①式　15×4＝60　　　　答え　60 cm²

②式　8×8＝64　　　　答え　64 cm²

❸ ①式　42÷7＝6　　　　　答え　6

②式　15÷3＝5　　　　　答え　5

60. ⑫ 面積のくらべ方と表し方 60ページ

❶ ①⑦6×6＋10×9

　①4×9＋6×15

　⑦10×15−4×6

②126 cm²

❷ ①式　10×12−5×6＝90

　　　　　　　　　答え　90 cm²

②式　6×3＋4×3＋2×3＝36

　　　　　　　　　答え　36 cm²

③式　15×20−6×12＝228

　　　　　　　　　答え　228 cm²

考え方 ❷ 次のように考えて求めることができます。

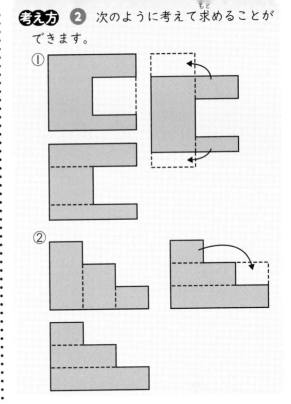

61. ⑫ 面積のくらべ方と表し方 61ページ

❶ 平方メートル、m²

❷ ①式　15×8＝120　　　答え　120 m²

②式　9×9＝81　　　　答え　81 m²

❸ ①10000　　②250000　　③65

❹ 式　300 cm＝3mだから

　　　6×3＝18　　　　答え　18 m²

考え方 ❸ 1 m²＝10000 cm²です。

❹ 単位をそろえて計算します。

62. ⑫ 面積のくらべ方と表し方 62ページ

❶ ①アール、a、10

②ヘクタール、ha、100

③平方キロメートル、km²、1000000

❷ ①式　30×40＝1200

　　　1200 m²＝12 a　　答え　12 a

②式　200×200＝40000

　　　40000 m²＝4 ha　　答え　4 ha

❸ ①100　　②70　　③42000000

考え方 ❷ ①1 a＝100 m²

②1 ha＝10000 m²

❶ ①横…4cm、面積…24cm²
　②5cm
　③

たて(cm)	1	2	3	4	5	6	7	8	9
横(cm)	9	8	7	6	5	4	3	2	1
面積(cm²)	9	16	21	24	25	24	21	16	9

　④

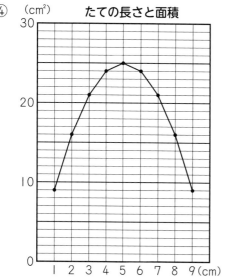

たての長さと面積

　⑤5cm
　⑥5、5

❶ ①式　9×13＝117
　　　　　　　　　　　答え　117cm²
　②式　12×12＝144
　　　　　　　　　　　答え　144cm²
　③式　8×11＝88
　　　　　　　　　　　答え　88m²
　④式　5×5＝25
　　　　　　　　　　　答え　25km²
❷ 式　400×400＝160000
　　　　　　　　答え　160000m²
　　　　　　　　　　　16ha
❸ 式　20×15＋10×10＝400
　　　　　　　　答え　400cm²

考え方 ❸

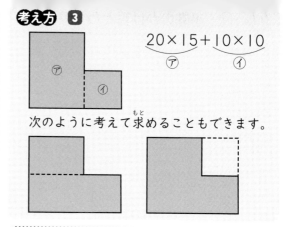

$$20×15+10×10$$
　　　　　ア　　　　イ

次のように考えて求めることもできます。

おうちの
かたへ　長方形や正方形の面積の公式は、とても大切です。しっかりと覚えましょう。
　長方形の面積＝縦×横
　正方形の面積＝1辺×1辺

❶ ①2.8　　②1.2　　③3.2
　④5.6　　⑤4.8　　⑥6.3
❷ 式　3.8×6＝22.8　　　答え　22.8L
❸ ①3.6　　②4.2　　③16.8　　④19.2
　⑤14.8　⑥53.2　⑦88.2　⑧32.4
　⑨53.5　⑩117.6

考え方 ❸
③　2.8
　× 6
　　4
　16.8

④　2.4
　× 8
　　3
　19.2

⑧　5.4
　× 6
　　2
　32.4

⑨　10.7
　× 5
　　3
　53.5

⑩　14.7
　× 8
　3 5
　117.6

❶ ①0.5　　②2　　③13　　④14
❷ ①15.6　　②7.6　　③396.8
　④455.8　⑤2159　⑥2244
❸ ①12.54　　　②7.46
　③16.3　　　④2.04
❹ ①133.56　　②395.56
　③379.62　　④313.2

1 ①1.3　②1.2　③2.2　④3.4

2 ①1.8　②12.4　③7.9

3 ①0.4　②0.7　③0.9　④0.7

4 ①3.4　②3.6　③0.8

考え方 2

①
```
     1.8
  4)7.2
    4
    3 2
    3 2
      0
```

②
```
    12.4
  6)74.4
    6
    14
    12
     24
     24
      0
```

③
```
     7.9
  8)63.2
    56
     72
     72
      0
```

3 ②
```
    0.7
  5)3.5
    35
     0
```
③
```
    0.9
  7)6.3
    63
     0
```
④
```
    0.7
  4)2.8
    28
     0
```

4 ①
```
      3.4
  27)91.8
     81
     108
     108
       0
```
②
```
      3.6
  23)82.8
     69
     138
     138
       0
```
③
```
      0.8
  37)29.6
     296
       0
```

1 ①1.21　②0.51　③0.19
④0.14

2 ①0.06　②0.08　③0.056
④0.004

3 ①14 あまり 3.5
　　けん算…4×14＋3.5＝59.5
②12 あまり 2.9
　　けん算…3×12＋2.9＝38.9
③2 あまり 19.7
　　けん算…22×2＋19.7＝63.7
④2 あまり 11.2
　　けん算…19×2＋11.2＝49.2

考え方 1

①
```
     1.21
  8)9.68
    8
    16
    16
     8
     8
     0
```
②
```
     0.51
  6)3.06
    30
     6
     6
     0
```
③
```
      0.19
  14)2.66
     14
     126
     126
       0
```
④
```
      0.14
  42)5.88
     42
     168
     168
       0
```

2 ①
```
     0.06
  6)0.36
    36
     0
```
③
```
      0.056
  7)0.392
     35
     42
     42
      0
```

3 けん算は

　わる数×商＋あまり＝わられる数

の計算をします。

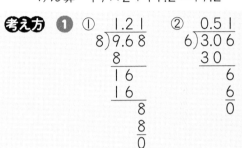

①
```
      14 ←商
  4)59.5 ←わられる数
 ↑  4
わる数 19
     16
     3.5 ←あまり
```
けん算…4×14＋3.5＝59.5

1 ①2.5　②5.75　③4.5　④0.75
2 ①0.28　②0.16　③2.54　④0.625
3 ①5.7　②9.2　③1.7

考え方 1 ①
```
      2.5
  6)15.0
    12
    30
    30
     0
```
②
```
      5.75
  4)23.0
    20
    30
    28
     20
     20
      0
```

2 ②
```
     0.16
  5)0.8
    5
    30
    30
     0
```
③
```
       2.54
  25)63.5
     50
     135
     125
     100
     100
       0
```

3 ①
```
       7
    5.66
  3)17
    15
    20
    18
     20
     18
      2
```
②
```
       2
     9.18
  7)64.3
    63
    13
     7
     60
     56
      4
```

1 ①⑦90　　④60　　⑦1.5
　　②⑦72　　④60　　⑦1.2
　　③1.2
　　④⑦48　　④60　　⑦0.8
　　⑤0.8
2 式　24÷16=1.5
　　　　　　　　答え　1.5倍

考え方 1 ①1.5倍は、もとにする数を1
とみるとき、くらべられる数が1.5にあた
ることを表します。

1 ①4.5　　②8.06　　③211.5
　　④8.97　　⑤1.9　　⑥0.23
　　⑦6.8　　⑧0.058
2 ①5.58　②0.225
3 式　23.5×28=658
　　　　　　　　　答え　658L
4 式　60÷48=1.25
　　　　　　　　答え　1.25倍

考え方 2 ①
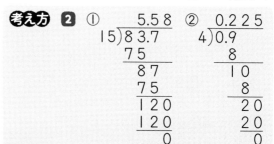
②

1 ①2つ　　②4本　　③12本
2
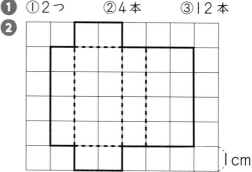
1cm
1cm

3 ①点ア、点ケ
　　②点ウ
　　③辺カオ

考え方 1 正方形だけでかこまれた形を立
方体といいます。
3 展開図を頭の中で組み立ててみましょう。

73. ⑭ 直方体と立方体 73ページ

❶ ①垂直
　②平行
　③4つ
　④面お

❷ ①垂直
　②平行
　③辺ＡＥ、辺ＤＨ、辺ＣＧ
　④辺ＢＣ、辺ＢＦ
　⑤辺ＥＨ、辺ＥＦ
　⑥3組

考え方 ❶ 直方体や立方体では、となり合っている2つの面は垂直で、向かい合っている2つの面は平行です。
　1つの面に垂直な面は4つ、平行な面は1つあります。

74. ⑭ 直方体と立方体 74ページ

❶ ①辺ＡＥ、辺ＢＦ、辺ＣＧ、辺ＤＨ
　②面う、面お
　③辺ＢＣ、辺ＢＦ、辺ＦＧ、辺ＣＧ

❷ ①面せ
　②面さ、面し、面せ、面た
　③面さ、面た

❸ ① 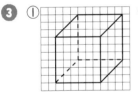 　②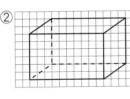

考え方 ❷ ②すととなり合った面は垂直になります。

❸ 平行な辺は平行に、見えない辺は点線でかきます。

75. ⑭ 直方体と立方体 75ページ

❶ ①横2cm、たて3cm
　②横4cm、たて2cm

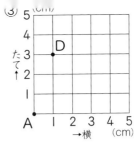

③
```
(cm)
5
4      D
たて 3  ●
↑ 2
1
A  1 2 3 4 5 (cm)
    →横
```

❷ ①横2m、たて4m、高さ3m
　②横4m、たて2m、高さ2m

❸ 横0cm、たて2cm、高さ2cm

考え方 ❸ ＥからＤまでの横の長さは0なので、横は0cmと表します。

76. 大きい数のしくみ／折れ線グラフと表／わり算の筆算(1)／角の大きさ 76ページ

❶ ①一億の位　　②10億

❷ ウ

❸ ①16　　　　　②18
　③19あまり3　④13あまり5
　⑤132　　　　⑥204
　⑦145あまり4　⑧108あまり4

☆ 120°

考え方 ❸

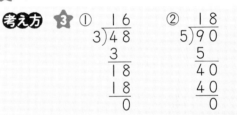

```
①  16       ②  18
 3)48        5)90
   3           5
   18          40
   18          40
    0           0

③  19       ④  13       ⑤  132
 4)79        7)96        4)528
   4           7           4
   39          26          12
   36          21          12
    3           5            8
                             8
                             0

⑥  204      ⑦  145      ⑧  108
 3)612       5)729       6)652
   6           5           6
   1           22          5
   0           20          0
   12          29          52
   12          25          48
    0           4           4
```

☆ 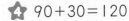 90＋30＝120

95

1 ア 2.07　イ 2.33　ウ 2.65　エ 2.99

2 ①3　②4あまり10　③3あまり9
④7あまり5　　　⑤5あまり14
⑥7あまり18　　⑦3あまり50
⑧15あまり300

3 ①20　②63　③20

4 ①686　②7.6

考え方 **2**

①
$$31)\overline{93} \\ \underline{93} \\ 0 = 3$$

②
$$18)\overline{82} \\ \underline{72} \\ 10 = 4$$

③
$$23)\overline{78} \\ \underline{69} \\ 9 = 3$$

④
$$13)\overline{96} \\ \underline{91} \\ 5 = 7$$

⑤
$$27)\overline{149} \\ \underline{135} \\ 14 = 5$$

⑥
$$49)\overline{361} \\ \underline{343} \\ 18 = 7$$

⑦
$$119)\overline{407} \\ \underline{357} \\ 50 = 3$$

⑧
$$400)\overline{6300} \\ \underline{4} \\ 23 \\ \underline{20} \\ 300 = 15$$
あまりは→300

3 式の中のかけ算やわり算は、たし算やひき算より先に計算します。また、( )のある式では、( )の中をひとまとまりとみて、先に計算します。

①65−15×3＝65−45＝20
　これを65−15×3＝50×3としてはいけません。

②56＋14÷2＝56＋7＝63
　これを56＋14÷2＝70÷2としてはいけません。

③3×(15−6)−7＝3×9−7
＝27−7＝20

4 ①98×7＝(100−2)×7
＝100×7−2×7＝700−14＝686
②3.9＋2.6＋1.1＝3.9＋1.1＋2.6
＝5＋2.6＝7.6

---

1 ①$1\frac{1}{6}\left(\frac{7}{6}\right)$　　②$4\frac{2}{5}\left(\frac{22}{5}\right)$
③$1\frac{2}{7}\left(\frac{9}{7}\right)$　　④$1\frac{3}{5}\left(\frac{8}{5}\right)$

2 ①⑦ⓘ　　ⓘⓐ　　ⓤⓤ
②30 cm²

3 ①502.2　　②37.7
③2.25　　④2.45

4 ①面…6つ
辺…12本
頂点…8つ
②4つ

考え方 **1** ②$1\frac{3}{5}+2\frac{4}{5}=3\frac{7}{5}=4\frac{2}{5}$

次のように計算してもよい。
$1\frac{3}{5}+2\frac{4}{5}=\frac{8}{5}+\frac{14}{5}=\frac{22}{5}$

④$3\frac{2}{5}-1\frac{4}{5}=2\frac{7}{5}-1\frac{4}{5}=1\frac{3}{5}$

次のように計算してもよい。
$3\frac{2}{5}-1\frac{4}{5}=\frac{17}{5}-\frac{9}{5}=\frac{8}{5}$

3 ①
$$18.6 \\ \times\ 27 \\ \hline 1302 \\ 372\ \\ \hline 502.2$$

②
$$0.65 \\ \times\ 58 \\ \hline 520 \\ 325\ \\ \hline 37.70$$

③
$$24)\overline{54} \\ \underline{48} \\ 60 \\ \underline{48} \\ 120 \\ \underline{120} \\ 0 = 2.25$$

④
$$6)\overline{14.7} \\ \underline{12} \\ 27 \\ \underline{24} \\ 30 \\ \underline{30} \\ 0 = 2.45$$

4 ②面ⓐに垂直な面は、面アオカイ、面オカキク、面クキウエ、面アイウエの4つあります。